REDLINE | VERLAG

LAURA VANDERKAM

AUSGE-SCHLAFEN!

Was die erfolgreichsten Menschen schon vor dem Frühstück tun

Übersetzung aus dem Englischen von
Britta Fietzke

W0192280

Bibliografische Information der Deutschen Nationalbibliothek
Die Deutsche Nationalbibliothek verzeichnet diese Publikation in der
Deutschen Nationalbibliografie. Detaillierte bibliografische Daten sind
im Internet über http://dnb.d-nb.de abrufbar.

Für Fragen und Anregungen
info@redline-verlag.de

1. Auflage 2021

© 2021 by Redline Verlag, ein Imprint der Münchner Verlagsgruppe GmbH,
Türkenstraße 89
80799 München
Tel.: 089 651285-0
Fax: 089 652096

© der Originalausgabe 2020 by Laura Vanderkam
Die englische Originalausgabe erschien 2020 bei Portfolio, einem Imprint der
Penguin Publishing Group, einer Abteilung von Penguin Random House LLC
unter dem Titel *What the most successful people do before breakfast.*

Übersetzung: Britta Fietzke
Redaktion: Bärbel Knill
Umschlaggestaltung: Marc Fischer
Umschlagabbildung: Anton Prado / Shutterstock
Satz: ZeroSoft, Timisoara
Druck: CPI books GmbH, Leck
Printed in Germany

ISBN Print 978-3-86881-831-4
ISBN E-Book (PDF) 978-3-96267-289-8
ISBN E-Book (EPUB, Mobi) 978-3-96267-290-4

Weitere Informationen zum Verlag finden Sie unter

www.redline-verlag.de

Beachten Sie auch unsere weiteren Verlage unter www.m-vg.de

INHALT

DER MORGENDLICHE WAHNSINN

Morgens steht in vielen Haushalten alles Kopf – so auch in unserem. Wenn es morgens meine Aufgabe ist, dafür zu sorgen, dass die drei Kinder frühstücken und sich anziehen, damit sie pünktlich um 8.45 Uhr im Auto sitzen, sollte ich vor 7 Uhr aufstehen – wenn ich dabei jedoch nicht aufpasse, springe ich gefühlt in dieser Zeit nur hin und her. Meine Augen sind auf die Uhr gerichtet. Ich stelle die Stiefel und lege die Jacken bereit, um ein Desaster beim Endspurt zu verhindern. Und trotzdem besteht eine gute Chance, dass sich eins der Kinder gegen irgendeine meiner Tyranneien – wie das Tragen von Socken – auflehnen und es zum Schluss somit dennoch knapp wird. Nachdem ich sie dann an den zwei verschiedenen Schulen abgesetzt habe, bin ich meist gegen 9.15 Uhr am Schreibtisch, wo ich, statt meinen Arbeitstag zu starten, oft in Versuchung gerate, mir eine Tasse Kaffee einzugießen und online vor mich hinzusurfen.

Da ich mir in den letzten Jahren viel angeschaut habe, wie Menschen ihre Zeit nutzen, weiß ich, dass dies – sich zwei oder mehr Stunden lang auf alles Anstehende vorzubereiten – nichts Ungewöhnliches ist. Die Zeitschriften sind voll mit Geschichten darüber, wie man das morgendliche Chaos in den Griff bekommt. Laut einer Umfrage der National Sleep Foundation zum Thema »Schlaf in Amerika« im Jahr 2011 sagt der Durchschnitt der 30- bis 45-Jährigen, dass sie an einem typischen Wochentag um 5.59 Uhr bereits aufgestanden sind, die 46- bis 64-Jährigen sogar schon um 5.57 Uhr. Dennoch beginnen die meisten ihren Arbeitstag nicht vor 8 oder 9 Uhr – und damit meine ich, dass sie sich »im Büro zeigen«. Wenn die Menschen erschöpft vom Wrestling mit den kleinen Kindern, vom Kampf mit dem Verkehr oder auch den 20 Minuten in der Warteschlange bei Starbucks sind, passiert es schnell, dass man diesen ersten ruhigen Moment des Tages im Büro unbewusst als »Zeit für mich selbst« nutzt. Wir lesen dann private Mails, scrollen uns durch unseren Facebook-Feed und die Schlagzeilen, die absolut nichts mit dem Job zu tun haben, bis uns ein Meeting oder ein Anruf zum Aufhören zwingt.

Letztlich kann man täglich drei bis vier Stunden mit sinnlosen Aufgaben verbringen oder auch damit, das bockige Kind anzublaffen, dass es jetzt *endlich* einsteigen möge oder *wir ohne es losfahren würden* – anstatt diese Zeit für unsere Kernkompetenzen zu nutzen. Und das sind die Dinge, die für Sie am wertvollsten sind: Ihre Karriere voranzubringen, für Ihre Familie mehr als nur die Grundversorgung zu leisten sowie sich um sich selbst zu kümmern. Bei Letzterem meine ich Sachen wie Sport, Hobbys, Meditation, Gebete etc. Der morgendliche Wahnsinn ist der Hauptgrund dafür, warum die meisten von uns denken, sie hätten keine Zeit. Wir haben

Zeit, aber sie wird vom Trubel aufgefressen, sodass alles letztlich zu nur wenig mehr Erfolg führt als der Tatsache, dass wir es aus dem Haus geschafft haben.

Jedoch muss der Morgen nicht immer so aussehen. Wenn ich mir meine Morgenstunden (inklusive der völlig verrückten) so anschaue, sehe ich sofort, was besser sein könnte. Sie könnten eine produktive Zeit sein. Eine schöne Zeit. Zeit für Angewohnheiten, die uns zu besseren Menschen werden lassen. In der Tat ist das Lernen dessen, wie man die Morgenstunden in unserer Gesellschaft trotz all der Ablenkungen gut nutzen kann, das, was Erfolg von Wahnsinn trennt. Bevor der Rest der Welt frühstückt, haben die erfolgreichsten Menschen unter uns bereits ihre ersten Gewinne des Tages verzeichnet, was sie dem Leben näherbringt, das sie wollen.

Das ist zumindest mein Fazit nach meinen Untersuchungen der Zeitprotokolle und der Profile, in denen leistungsstarke Menschen von ihren Zeitplänen berichten. Letztens blätterte ich mit meiner morgendlichen Tasse Kaffee in der Hand das *Wall Street Journal* durch und las, dass Reverend Al Sharpton, ein US-amerikanischer baptistischer Prediger und Fernsehmoderator, bereits seine Sporteinheit hinter sich gebracht hatte, während ich noch schlief: »Im Gebäude seines Upper-West-Side-Apartments befindet sich ein Fitnessstudio, das er, wenn er es morgens um 6 Uhr betritt, meist für sich allein hat.« Er wärmt sich zehn Minuten lang auf einem Fitnessbike auf, wechselt dann für 30 Minuten auf das Laufband und beschäftigt sich zum Schluss mit dem Gymnastikball und seinen Crunches. »An den Tagen, an denen er es morgens nicht ins Fitnessstudio schafft, nutzt er das der NBC Studios. Pro Woche bereist er zwei oder drei Städte und erzählte uns, dass er seine Belegschaft vorher die Hotels anrufen lässt, um sicherzustellen, dass diese einen Fitnessraum haben.« In diesen Morgenstunden denkt er nicht darüber nach, wie er beim Sport aussieht. Er sagte zum *WSJ*: »Ich trage normalerweise einen alten Trainingsanzug und meine Nikes. So früh am Morgen sieht mich ohnehin niemand.« Dank dieser morgendlichen Routine in Kombination mit einer Ernährungsumstellung sieht der Reverend in abgetragenen Klamotten immer noch ziemlich gut aus, denn er hat über die letzten paar Jahre über 50 Kilogramm abgenommen.

James Citrin, der die Abteilung für nordamerikanische Vorstände und CEOs bei der Headhunter-Firma Spencer Stuart mit leitet, treibt seinen Sport ebenfalls meist morgens um 6 Uhr. Er nutzt diese frühmorgendliche Ruhe, um über seine Prioritäten des Tages nachzudenken. Eines Tages vor ein paar Jahren überlegte er sich, die verschiedenen von ihm bewunderten Führungskräfte für einen Artikel in der *Yahoo! Finance* über ihre Morgenroutine zu befragen. 18 der 20 Befragten antworteten und gaben an, dass selbst die Langschläfer unter ihnen spätestens um 6 Uhr auf seien. Laut seiner Interviewnotizen, die Citrin mir später zur Verfügung stellte, steht zum Beispiel Steve Reinemund, der ehemalige Vorsitzende und CEO von PepsiCo, um 5 Uhr auf, um fast sieben Kilometer auf seinem Laufband zurückzulegen. Danach genießt er die Ruhe, betet, liest und bringt sich bei den Nachrichten auf den neuesten Stand, bevor er zusammen mit seinen Zwillingen, damals im Teenageralter, frühstückt. Als ich Reinemund, der momentan Dekan der Wake Forest University's School of Business ist, über seinen Zeitplan befragte, antwortete er, dass er diese fast sieben Kilometer in den letzten Jahrzehnten fast jeden Tag gelaufen sei:»Ich buche mich in keine Hotels ein, die keine Laufbänder haben.« Die einzige Ausnahme? Sonntags gehe es etwas später los und donnerstags veranstalte er »Dawn with the Dean«, bei dem die Studierenden von Wake Forest sich mit ihm um 6.30 Uhr treffen können, um gemeinsam knapp fünf Kilometer zu laufen.

Einige andere der von Citrin Befragten waren sogar noch früher dran. Ein Manager berichtete:»Es gibt einen Diner bei uns in der Stadt (Louie's), in den ich fast täglich auf einen Kaffee und einen Blick in die Tageszeitungen gehe. (...) Der öffnet um 4.30 Uhr und bekommt seine Zeitungen gegen 5 Uhr geliefert. (...) Sie kennen mich dort bereits, und wenn sie mich durch das Fenster erspähen, wissen sie schon, dass es Zeit für Conways großen Kaffee und vier Zeitungen ist. (...) Meist steht Billy hinter der Bar, und es ist wirklich ein Wunder, wie viele Stammgäste er mit ihren Wünschen im Kopf behält.«

Welches Ritual auch immer durchgeführt wird, sie alle haben einen Grund: Erfolgreiche Menschen haben Prioritäten, die sie einhalten wollen, oder etwas, das sie in ihrem Leben erreichen wollen – und morgens haben sie noch die meiste Kontrolle über ihre Zeit. In einer Welt der ständigen Vernetzung können einem beim Management globaler Unternehmen die Tage schnell durch die Finger rinnen, wenn man sich von den Prioritäten der anderen überrollen lässt – manchmal sogar von denen, die man liebt und mit denen man zusammenwohnt. Bei meinen Gesprächen mit den Menschen über ihre Morgengestaltung gab es einen immer wiederkehrenden Satz: »Das ist die Zeit, die ich für mich selbst habe.« Reinemund sagte dazu: »Ich freue mich auf meinen Morgen. Ich liebe meinen Morgen, meine Zeit für mich.« Ein Manager kann vielleicht niemals um 14 Uhr eine Stunde lang in Louie's Diner entspannen, aber morgens um 5 Uhr kann er das. Ich kann um 8.15 Uhr am Morgen vor der Schule nicht meine Tagebucheinträge schreiben oder Gewichte stemmen, aber um 6.15 Uhr kann ich das. Eltern können zudem ihre Frühstückszeit bewusster nutzen, um sich um ihre Kinder zu kümmern, anstatt dauernd auf die Uhr zu schauen. Den Morgen für sich selbst zu erobern, ist das Äquivalent zu dem klugen Finanzratschlag, sich selbst zuerst auszuzahlen, bevor man die Rechnungen begleicht. Wenn Sie bis zum Monatsende warten, um das Geld an sich zu nehmen, das übrig geblieben ist, wird nichts mehr da sein. Wenn Sie also die wichtigen, aber nicht dringenden Sachen bis zum Tagesende aufschieben – wie Sport, Gebete, Lesen, Gedanken über die eigene Karriere oder das eigene Unternehmen oder das Beste für Ihre Familie zu tun, dann wird es wahrscheinlich nicht stattfinden.

Wenn etwas gemacht werden muss, muss es als Erstes drankommen.

EINE FRAGE DES WILLENS

Wenn die Welt voller Nachteulen und Lerchen ist (wie Reinemund, der laut eigener Aussage bereits als Student morgens um 5 Uhr aufwachte), würde ich mich selbst eher in die erste Kategorie einordnen. Während des Studiums hatte ich einige Jobs mit Nachtschichten, wie in dem Café, in dem ich bis 1 Uhr morgens bediente. Aber ich lernte auch in dieser Zeit. Selbst nach der Universität, als ich einen »richtigen« Job bei *USA Today* bekam, für den ich während der Stoßzeiten eine weite Strecke zur Arbeit pendeln musste, machte ich meine kreative Arbeit am Abend. Das hatte ich mir so angewöhnt, und auch heute noch arbeite ich manchmal gerne zu dieser späten Stunde. So ironisch das Ganze ist: Ich habe den Großteil dieses Buches – just mit dem Thema, was die erfolgreichsten Menschen vor dem Frühstück machen – abends in einem Café geschrieben.

Das allerdings momentan hinzubekommen – mit kleinen Kindern und Arbeit, die weitaus mehr als die normalen Arbeitszeiten füllt –, erforderte diverse logistische Klimmzüge. Ich musste zusätzliche Babysitterzeiten buchen und dies zudem den kleineren Familienmitgliedern erklären, die verständlicherweise die Zeit nach der Schule und der Arbeit als Familienzeit betrachten. Dementsprechend sind das nicht die Stunden, die ich allzu oft für konzentrierte Arbeit nutze, ganz zu schweigen von Sport oder ähnlichen Betätigungen.

Daher erkannte ich irgendwann die Vorteile, dem Tag morgens ein wenig zuvorzukommen. Die Woche hat für uns alle 168 Stunden, aber nicht alle Stunden sind gleichermaßen für alles geeignet. Das fiel mir vor allem auf, als ich für mein Buch über Zeitmanagement, *168 Hours*, meine täglichen Stunden protokollierte. Indem ich also Zeitprotokolle führte und möglichst oft daran dachte aufzuschreiben, was ich getan hatte, fielen mir Muster auf. Während der normalen Arbeitszeit hatte ich am Morgen normalerweise einen Produktivitätsschub, bei dem ich mich 90 Minuten oder länger auf ein einzelnes Projekt konzentrieren konnte. Später am Tag war ich anfälliger für Ablenkungen – immer wieder den Posteingang zu checken oder im Netz zu surfen. Zudem sammelten sich einige Aufgaben an. Im Laufe des Tages wurde die Zeit, die ich für jede einzelne Aufgabe nutzte, immer kürzer.

Was den Sport betrifft, so sah ich einige wenige, die es schafften, das nach der Arbeit zu tun, aber diese Menschen waren eher jung und Single. Diejenigen, die zu Hause arbeiteten, konnten während der Arbeit eine Einheit einschieben, da man ohne Kollegen in angrenzenden Arbeitsplätzen danach (oder überhaupt) nicht unbedingt duschen musste. Aber der Schweiß war das Hauptabschreckungsmittel für diejenigen mit normalen Jobs – wie auch das Bedürfnis, nicht mit der Sporttasche unter dem Arm mitten am Tag erwischt zu werden, oder die erschreckend hohe Anzahl an regelmäßigen Notfällen auf Arbeit. Die Arbeitsstunden dehnten sich vermehrt in die Abende aus, je näher die Deadlines kamen, und so fiel das geplante Workout dann doch aus. Diejenigen, die es ernst meinten, trieben ihren Sport am Morgen, denn dann gibt es noch keine Notfälle, und sie mussten nur einmal duschen. Wie der Triathlon-Coach Gordo Byrn mir einmal erklärte: »Es gibt immer einen Grund, das Training um 16 Uhr ausfallen zu lassen, und es wird jedes Mal ein guter Grund sein.«

Aus logistischer Sicht ist es durchaus vernünftig, dass morgens eine gute Zeit für Sport oder konzentrierte Arbeit ist, aber als ich ein paar Stellschrauben anhand meiner eigenen Zeitprotokolle drehte und die Telefonate von nun an nachmittags führte, um das meiste aus meiner morgendlichen Produktivität herauszuholen, fragte ich mich, ob es noch weitere Gründe dafür gab, dass der Morgen anscheinend wie dafür gemacht war, Dinge zu erledigen.

Wie sich herausstellen sollte: Es gibt diese Gründe. Die neueste Forschung über das alte Konzept der Willenskraft hat gezeigt, dass Aufgaben, die Selbstdisziplin erfordern, morgens einfacher zu bewältigen sind, wenn der Tag noch jung ist.

Roy F. Baumeister, Professor für Psychologie an der Florida State University, hat sein ganzes Berufsleben dem Thema Selbstdisziplin gewidmet. In einem berühmten Experiment bat er die Studierenden zu fasten, bevor sie ins Labor kämen. Dann wurden sie allein in einen Raum mit Radieschen, Schokoladenkeksen und Süßigkeiten gesperrt. Baumeister und der Wissenschaftsjournalist John Tierney beschrieben 2011 in ihrem Buch *Willpower: Rediscovering the Greatest Human Strength*,[1] dass manche Studierende essen durften, was sie wollten, während anderen nur die Radieschen erlaubt wurden. Hinterher mussten die Teilnehmenden an einem unlösbaren geometrischen Puzzle arbeiten. »Die Studierenden, die die Schokoladenkekse und Süßigkeiten hatten essen dürfen, arbeiteten im Durchschnitt rund 20 Minuten an dem Puzzle – wie auch die Gruppe der Studierenden, die zwar auch Hunger hatten, aber kein Essen angeboten bekommen hatten. Die stark in Versuchung gebrachten Radieschen-Essenden gaben bereits nach acht Minuten auf – nach den Maßstäben von Laborexperimenten ein riesiger Unterschied. Sie hatten sich erfolgreich gegen die Versuchung der Kekse und Süßigkeiten gewehrt, aber aufgrund dieser Anstrengung hatten sie weniger Kraft für den Versuch des Puzzlelösens.«

Baumeister und seine Kollegen schlossen aus diesem Experiment, dass »Willenskraft – wie ein Muskel – bei zu viel Einsatz ermüden kann«. Das ist ein Problem, weil wir unser Leben in Kategorien wie »Arbeit« und »Zuhause« sehen, sich die Realität aber anders gestaltet, wie Baumeister mir erklärte: »Sie haben eine Energiequelle, die für alle möglichen Arten der Selbstbeherrschung gebraucht wird. Das heißt also nicht nur, dass man Essensversuchungen widerstehen muss, sondern auch die eigenen Gedanken und Emotionen kontrollieren muss, jegliche Form von Impulskontrolle, und gleichzeitig versuchen muss, beim Job oder anderen Aufgaben gute

Arbeit zu leisten. Noch überraschender: Diese Energie wird auch für das Treffen von Entscheidungen genutzt. Wenn Sie also Entscheidungen treffen, brauchen Sie (zeitweise) einige Energie auf, die Sie für die Selbstbeherrschung bräuchten. Ebenso verbraucht scharfes Nachdenken (wie beim logischen Denken) diese Energie auch.« Im Laufe des Tages – mit dem Kampf im Verkehr, mit frustrierenden Chefs und zankenden Kindern sowie den noch hinterhältigeren elektronischen Versuchungen, die so verführerisch sind wie frisch gebackene Schokokekse – wird Willenskraft nach und nach aufgebraucht.

»Es gibt wohl ein generelles Muster, dass die größten Fehler der Selbstbeherrschung und andere schlechte Entscheidungen später am Tag passieren«, sagt Baumeister. »Diäten werden am Abend und nicht am Morgen gebrochen. Der Großteil der impulsiven Verbrechen wird nach 23 Uhr begangen. Rückfälle bei Drogen- und Alkoholmissbrauch, sexuelle Belästigung, Glücksspielexzesse und Ähnliches finden meist am späteren Tag statt.«

Nach einer Nacht mit gutem Schlaf ist das Willenskraftdepot am Morgen voll. Wir sind dann eher optimistisch eingestellt; eine Analyse von weltweit verteilten Twitter-Feeds zeigte, dass die Menschen eher zwischen 6 und 9 Uhr morgens Worte wie »großartig« und »super« als zu anderen Tageszeiten benutzten. In diesen frühen Morgenstunden haben wir genügend Willenskraft und Energie, um uns um Sachen zu kümmern, die eine innere Motivation brauchen, also Dinge, die nicht direkt von unserer Umwelt gefordert oder belohnt werden – Dinge, um die es hier später noch einmal gehen wird.

Deswegen sollte man also wichtige Prioritäten zuerst einplanen, damit man noch genügend Willenskraft dafür hat – wie bei einem Muskel. Doch Muskeln können mit der Zeit auch trainiert werden. Ein Bodybuilder muss aufwendig seinen riesigen Bizeps aufbauen, aber danach kann er in einen Erhaltungsmodus übergehen und trotzdem noch durchtrainiert aussehen. Paradoxerweise hat die Forschung beim Thema Willenskraft herausgefunden, dass diejenigen mit einem hohen Maß an Selbstbeherrschung diese nicht bei regelmäßigen Aktivitäten nutzen müssen, für die man aber meinen würde, dass man sie braucht, wie bei Hausaufgaben oder dem pünktlichen Unterrichts- oder Arbeitsantritt. Für erfolgreiche Menschen sind dies keine Entscheidungen, sondern Gewohnheiten. »Etwas in Routinen und Gewohnheiten zu verwandeln, kostet am Anfang Willenskraft, aber schont auf lange Sicht den Verbrauch der Willenskraft«, so Baumeister. »Sobald etwas zur Gewohnheit wird, wird es zum automatischen Prozess, was wiederum weniger Willenskraft aufbraucht.«

Nehmen wir das Zähneputzen zum Beispiel: die wenigsten von uns diskutieren morgens mit sich selbst aus, ob wir uns die Zähne putzen wollen, ob es den Aufwand wert ist, zum Waschbecken zu gehen, ob das Gefühl der Borsten im Mund jetzt sonderlich angenehm ist oder nicht. Es ist einfach ein morgendliches Ritual. Erfolgreiche Menschen verwandeln wichtige Aufgaben ebenso in morgendliche Rituale und schonen so ihr Energielevel für später – wie die nervigen Kollegen, den Verkehr oder andere Krafträuber, die einem am Abend eher Lust auf ein paar ordentliche Schoppen Wein als auf Fitnessstudio machen. Selbst wenn Sie morgens Ihren Sport gemacht haben, ist so eine Menge Wein immer noch eine schlechte Idee, aber immerhin wissen Sie, dass Sie schon Stunden zuvor im Fitnessstudio waren, wenn Sie sich am Ende des Tages für den Wein entscheiden. Mit diesen täglichen Angewohnheiten machen Sie langsam, aber stetig Fortschritte – und bilden das Fundament für Glück, Gesundheit und Wohlstand. Tierney und Baumeister schreiben dazu: »Letztlich hilft die Selbstbeherrschung bei der Entspannung, weil sie Stress fernhält und man somit die Willenskraft für wichtige Herausforderungen aufsparen kann.«

WAS IST WICHTIG UND WAS DRINGEND?

Was sind also die besten Angewohnheiten am Morgen? Selbstverständlich können Sie sich alles angewöhnen, was Sie möchten. Sie könnten sich angewöhnen, morgens die Wäsche zu erledigen, bevor die meisten auch nur gefrühstückt haben, oder fernsehen, bevor Ihre Kinder aufgewacht sind. Sie könnten eine 20-köpfige Telefonkonferenz für diese erste wichtige Stunde des Arbeitstages ansetzen. Aber die wenigsten Menschen brauchen Willenskraft für den Fernseher, und Wäsche wird meist erledigt, weil sie eben erledigt werden muss. Telefonkonferenzen wandern von sich aus an die Spitze der Prioritäten (ob sie das nun verdient haben oder nicht, sei dahingestellt), weil andere Menschen involviert sind und sie zu bestimmten Zeiten in Ihrem Kalender stehen. Die besten Morgenrituale sind Aktivitäten, die nicht und vor allem nicht zu einer bestimmten Zeit passieren müssen. Aktivitäten, die eine innere Motivation benötigen. Die Belohnung ist nicht so unmittelbar wie beim Fernsehen oder Beantworten einer Mail, die keine dringende Antwort braucht, aber dennoch lohnen sie sich. Die besten Morgenrituale sind Aktivitäten, die Langzeitresultate bringen, wenn man sie regelmäßig einhält.

Die erfolgreichsten Menschen nutzen ihren Morgen für Folgendes:

1. Karriere voranbringen – Strategien entwerfen und konzentriert arbeiten
2. Beziehungen pflegen – Familie und Freunden ihr Bestes geben
3. Selbstfürsorge – Sport, spirituelle und kreative Praktiken

Wir schauen uns nun alle nacheinander an.

Die eigene Karriere voranbringen

Debbie Moysychyn trat ihren Job, einen Fachbereich für die Ausbildung im Gesundheitswesen an der Brandman University aufzubauen, 2010 an. Als Teilnehmerin meines Workshops, den ich bei der Jahresversammlung der Healthcare Businesswomen's Association gehalten hatte, führte sie ein Zeitprotokoll über ihre sämtlichen Aktivitäten, und nach einigen Tagen fiel ihr auf, dass »manche Sachen wirklich schmerzhaft offensichtlich« waren – wie die Tatsache, dass sie andauernd unterbrochen wurde. Ihre Tage waren gespickt von Ad-hoc-Meetings und kurzen Gesprächen sowie

30 Minuten hier und 30 Minuten da. Teilweise war das so auch geplant gewesen, weil sie eine Atmosphäre der Zusammenarbeit schaffen wollte und daher mit ihrem Team der Politik der offenen Türen folgte. So gesehen waren also diese »Unterbrechungen« der wichtigste Teil ihres Tages. Jedoch musste sie sich eben auch noch um andere Projekte kümmern – aber ihr zerpflückter Zeitplan bedeutete, dass sie dabei nie wirklich vorankam. Ein Aspekt aus ihrem Privatleben sollte sich als Antwort auf dieses Dilemma herausstellen: Ihre Teenagertochter spielte Wasserpolo und musste oft zum Training bereits lange vor 7 Uhr am Pool sein. Manchmal fuhr Moysychyn wieder nach Hause, nachdem sie sie dort abgesetzt hatte, und schaute fern, oder fuhr ins Büro und nutzte die morgendlichen Stunden dazu, ihren Posteingang abzuarbeiten. Ich merkte an, dass es noch viele andere Zeitpunkte gab, in denen sie sich mit ihrem Posteingang beschäftigen konnte – zum Beispiel in den fünf Minuten zwischen den unangekündigten Besuchen der Kollegen im Büro –, sie aber niemand um 6.30 Uhr bei der Arbeit stören würde. Das war also eher die Zeit für konzentriertes Arbeiten. Sie könnte sich pro Tag eine höchste Priorität aussuchen, diese in den ruhigen morgendlichen Stunden abarbeiten und dann entspannt den späteren Besuchen der Kollegen entgegensehen.

Sie probierte es aus und fand diese Veränderung ziemlich einfach. Sie war sowieso bereits wach und musste sich nur noch angewöhnen, diese »Projektzeit« auch zu respektieren, indem sie keine Mails beantwortete. Nach ein paar Tagen erzählte sie uns während des Workshops, dass sie inzwischen so viel schaffe, dass sie ganz angetan davon sei. Ich hakte ein paar Wochen später nach und erfuhr, dass sie »immer noch die frühmorgendliche Zeit für die schwierigen Sachen« nutzte. Sie erzählte mir: »Ich schaffe inzwischen vor dem Frühstück mehr als früher über den ganzen Tag verteilt. Na ja, vielleicht nicht ganz, aber ich kann endlich Punkte auf meiner To-do-Liste abhaken, die dort schon ewig stehen.«

Die Tatsache, dass sie nicht unterbrochen werden, ist der Hauptgrund, den Menschen für morgendliche Arbeit angeben. Sie können unfassbar viel schaffen; der Autor Anthony Trollope war bekannt dafür, dass er – ohne Ausnahme – jeden Morgen ein paar Stunden lang schrieb. Charlotte Walker-Said, Postdoc-Dozentin für Geschichte an der University of Chicago, nutzt die Zeit zwischen 6 und 9 Uhr täglich, um an ihrem Buch über die Geschichte der Religionspolitik in Westafrika zu schreiben. Sie kann so Artikel lesen und Seiten schreiben, bevor sie sich um ihre Lehrtätigkeit kümmern muss: »Sobald man mit den Mails angefangen hat, geht der gesamte Tag im Hin und Her der Antworten unter.« Diese frühmorgendlichen Stunden seien ihr Schlüssel gegen den Stress des suboptimalen Akademikerarbeitsmarkts. »Ich habe jeden Tag einen Job«, sagt sie, »aber am Morgen glaube ich daran, dass ich eine Karriere habe.« Sie ist da auf etwas Wichtiges gestoßen, denn bei einer Studie unter jungen Professoren wurde festgestellt, dass diejenigen, die kontinuierlich jeden Tag ein wenig schrieben, eine höhere Wahrscheinlichkeit auf eine Anstellung hatten als diejenigen, die in Energieschüben arbeiteten (und die restliche Zeit vor sich herschoben).

Natürlich gibt es auch Menschen, bei denen es gut funktioniert, sich morgens mit dem Rest der Welt auseinanderzusetzen, vor allem wenn sie das selbst bestimmen können: Mails schreiben, über denen man länger grübeln muss, oder sich über die Social-Media-Strategie des Tages Gedanken zu machen. Gretchen Rubin, die Autorin des Bestsellers *Das Happiness-Projekt*[2], steht um 6 Uhr auf, um eine Stunde Zeit für sich zu haben, bevor der Rest der Familie aufsteht: »Ich habe früher versucht, in dieser Zeit den Großteil meiner Texte zu schreiben, weil ich irgendwo gelesen hatte, dass man in dieser Zeit am besten denken könne. Aber nach einem völlig frustrierenden Jahr fiel mir auf, dass ich diese Stunde eher brauchte, um bei meinen Mails auf den neuesten Stand zu kommen sowie meine Social-Media-Aktivitäten und alles Logistische zu planen, bevor ich mich überhaupt konzentrieren konnte – also nutze ich jetzt die Zeit zwischen 6 und 7 Uhr für diese Art von Arbeit.« Für sie sei dieses Ritual »sehr befriedigend«.

Ich bin schon länger der Meinung, dass »Netzwerk-Frühstücke« im Kontext des professionellen Netzwerkens stark unterschätzt werden. Eltern und Antialkoholiker lassen oft feuchtfröhliche Cocktailpartys ausfallen, und falls sie doch einmal daran teilnehmen, bedeutet der Alkohol und die Feierabendstimmung eher, dass die Menschen weniger im Arbeits- als im Sozialisierungsmodus sind. Dabei vergisst man dann, die Visitenkarten einzusammeln, oder man steckt sie ein und vergisst danach, warum man je mit diesen Menschen hatte reden wollen. Morgens »krempeln die Menschen die Ärmel hoch und fangen mit der Arbeit an«, sagt Christopher Colvin,

Partner in der Anwaltskanzlei Kramer Levin Naftalis & Frankel, der oft um 5.30 Uhr aufwacht, mit seinem Hund spazieren geht und etwas für die Arbeit liest, bevor er seinen Kindern das Frühstück hinstellt. Um dies für sich zu nutzen, gründete er IvyLife, eine Netzwerkgruppe für Alumni der Elitehochschulen, die (unter anderem) mittwochs ein wöchentliches Frühstück in New York City abhält. »Ich habe herausgefunden, dass ich morgens einfach frischer und kreativer bin. Ich bin dann offener für die Inspiration der Geschichten der anderen am Tisch. Am Ende des Tages ist mein Kopf nicht mehr so sortiert.« Alle Veteranen der Happy-Hour-Szene zeigen hier wohl Verständnis – und wissen, dass sich diese Unsortiertheit nach ein paar Gin & Tonics nur noch verschlimmert.

Beziehungen pflegen

Mir wurde zum ersten Mal klar, dass der Morgen für Familien nicht gleichbedeutend mit einem Todesmarsch zur Tür hinaus sein muss, als ich mich mit Kathryn Beaumont Murphy, einer angestellten Steuerfachanwältin, unterhielt, deren Umstellung ihrer Zeitstruktur ich in *168 Hours* vorstellte. Als wir uns kennenlernten, war sie weniger als ein Jahr in der Firma und hatte Schwierigkeiten, abends früh genug aus dem Büro zu kommen, um noch etwas Zeit mit ihrer Tochter zu verbringen. Das frustrierte sie sehr, obwohl sie am Wochenende immer viel Zeit mit ihr verbrachte. Ich schaute mir ihr Zeitprotokoll an und mir fiel auf, dass sie abends längere Zeit vor sich hin werkelte, dann morgens aufstand, zur Arbeit ging und dort auch wieder vor sich hin werkelte. Sie holte sich einen Kaffee, schaute in ihre privaten Mails oder las die Nachrichten, bevor sie sich an die Arbeit machte. Also schlug ich ihr vor, rechtzeitig ins Bett zu gehen, mit ihrer Tochter zusammen aufzustehen und dann diese Zeit als Mutter-Tochter-Zeit zu nutzen, bevor sie sich auf den Weg zur Arbeit machte. Sie mochte diese Idee: »Das wäre so einfach umzusetzen, dass ich mich fragte, warum ich nicht selbst darauf gekommen bin.« Sie fand es vor allem gut, die gemeinsamen Aktivitäten im Voraus zu planen, sodass sie voller Vorfreude auf diese dann aufstehen konnte. Im Laufe der nächsten Monate bereiteten sie das Frühstück zusammen vor, kuschelten oder lasen Geschichten, bevor die Nanny ihrer Tochter zur Tür hereinkam. In Anbetracht der Tatsache, dass Murphys Arbeitskultur späte statt frühe Arbeitszeiten belohnte, ging ich davon aus, dass es niemandem auffallen würde, wenn sie etwas später kam, letztlich kurz bevor sie mit der eigentlichen Arbeit anfing.

Es war ein schöner Start in den Tag, eine schöne Variante, um ihrer Tochter ihr Bestes zu geben statt eben nur das, was noch übrig war. In der Tat wurden die frühen Morgenstunden so reizvoll, dass Murphy zwei Jahre später, als ich bei ihr nachhakte, wie es liefe, erzählte, dass ihr Mann nun auch an der morgendlichen Zeit teilnehme, um sie gemeinsam mit ihrer Tochter und ihrem Sohn, den sie Anfang 2010 bekommen hatten, zu verbringen. »Frühstück ist jetzt eine *ganz große* Sache bei uns«, erzählte mir Murphy. »Ich glaube, sie lieben es alle!«

Diese Idee, dass man den Morgen als positive Familienzeit nutzt, setzte sich bei mir fest, als ich über mein eigenes Leben nachdachte. Auch wenn meine Kinder eher zu den Spätaufstehern zählen, sind doch viele kleine Kinder meist schon bei Sonnenaufgang wach. Wenn Sie also außerhalb der eigenen vier Wände arbeiten und Ihre Kinder im Laufe des Tages nicht zu Gesicht bekommen: Warum diese Tatsache nicht für sich nutzen? Sie können dabei kontinuierlich die Uhr im Auge behalten – wie ich es tendenziell immer mache – oder sich einen Wecker stellen, der Sie 15 Minuten vor Ende warnt, und in der Zwischenzeit einfach entspannen. Immer wieder wird von der Wichtigkeit des gemeinsamen Abendessens gepredigt, aber die Realität sieht in Familien mit kleinen Kindern schlicht anders aus, da diese meist gegen 17.30 oder 18 Uhr essen – eventuell aber beide Elternteile bis in den späten Abend arbeiten. Abendessen sind nicht magisch. Wenn wir zudem der Forschung zur Willenskraft glauben, sind wir beim Abendessen schlechter gelaunt als beim Frühstück. Gemeinsame Frühstücke – wenn sie als entspanntes, fröhliches Event behandelt werden – sind ein wunderbarer Ersatz für das Familienabendessen. Dieser Tage sage ich also eher Ja zu den Pfannkuchen am Morgen. Ich versuche, weniger Zeit mit der Nase in der Zeitung zu verbringen und mehr mit meinen Kindern darüber zu reden, was im Laufe des Tages bei ihnen ansteht oder worüber sie auch immer gerade nachdenken.

Das ist auch das, was Judi Rosenthal, Finanzberaterin in New York und Gründerin des Bloom-Netzwerks der Ameriprise-Finanzberater, macht. Ihr Mann kümmert sich um die primären Erziehungsaufgaben, aber »meine Morgenroutine beinhaltet auch Zeit mit meiner Tochter – außer ich bin unterwegs. Ich bereite ihr Frühstück zu (Bacon gehört zu den wichtigsten Zutaten) und decke den Tisch schön für uns ein. Wir sitzen dann zusammen und reden über alles Mögliche. Wenn dann noch Zeit bleibt, malen wir zusammen etwas aus oder basteln mit Papier und Kleber. Dann machen wir zusammen das Bett, ich helfe ihr beim Anziehen, wir singen zusammen, ich kämme ihr die Haare und wir quatschen dabei. Das sind so ziemlich die schönsten 45 Minuten meines Tages«.

Auch wenn Sie keine Kinder zu Hause haben, kann die Zeit am Morgen gut dafür sein, um die eigene Beziehung zum Partner oder zu engen Freunden zu pflegen. Eine der verstörendsten »Statistiken«, auf die ich während meiner Recherche darüber, wie Menschen ihre Zeit nutzen, gestoßen bin, besagte, dass in Vollzeit arbeitende Paare pro Tag nur zwölf Minuten miteinander redeten. Wenn das alles ist, was sie an Zeit aufbringen können, strengen sie sich wohl nicht besonders an. Eine Woche hat 168 Stunden; wenn man 50 davon arbeitet und 56 schläft (8 pro Nacht), bleiben immer noch 62 Stunden für andere Sachen. Da könnten wir schon mehr als 84 Minuten herausholen. Trotzdem fühlen sich viele Paare wie Schiffe, die nachts aneinander vorbeisegeln und die nur dann am gleichen Hafen andocken, wenn sie sich abends auf dem Sofa vor dem Fernseher treffen.

Aber es gibt Paare, die viel gemeinsame Zeit füreinander haben. Obie McKenzie ist Geschäftsführer der Global Client Group bei BlackRock. Seine Frau und er haben sich jeden

Morgen unter der Woche vor 9 Uhr bereits nahezu 84 Minuten lang unterhalten, weil sie zusammen von ihrem Haus in Englewood, New Jersey, bis nach New York City pendeln. Dadurch wird eine potenziell nervige Zeit im Stau zur Hauptverkehrszeit zu einem täglichen Date: »So bleiben wir den ganzen Tag miteinander verbunden.« Sie sprechen dabei über diverse Haushaltsdetails (wie die Reparaturen nach dem Wasserschaden), ihre Finanzen oder das Leben.

Oder wie einer meiner Blogleser zu seinem optimalen Morgen kommentierte: Es gebe schließlich immer noch »Sex im Morgengrauen«. Nicht der schlechteste Zeitvertreib bis zum Frühstück, wenn man so darüber nachdenkt.

Selbstfürsorge

Die meisten von den Führungskräften, die James Citrin zu ihren Morgenroutinen befragte, betrieben irgendeine Art Frühsport. Frits van Paasschen, damaliger Präsident und CEO der Coors Brewing Company, achtete darauf, bis spätestens 5.50 Uhr draußen zu sein und bis 6.30 Uhr zu joggen. Ursula Burns, damalige Senior-Vizepräsidentin (jetzt CEO) von Xerox, plante zweimal pro Woche eine einstündige Session mit ihrem Personal Trainer um 6 Uhr ein. Steve Murphy, damaliger CEO von Rodale, blockte sich 90 Minuten für Yoga an drei Tagen pro Woche im Kalender.

Das sind alles unfassbar fleißige Menschen. Wenn also selbst diese sich Zeit für Sport nehmen, muss er wichtig sein – und wenn sie ihn morgens treiben, muss es einen Grund dafür geben. In der Tat weist die Forschung teilweise darauf hin, dass Sport am Morgen mehr Vorteile bringt als zu anderen Tageszeiten. In einer Studie der Appalachian State University wurde festgestellt, dass Menschen, die morgens als Erstes Sport treiben, abends schneller einschlafen und seltener nachts aufwachen als die Menschen, die zu anderen Zeiten trainierten. Eine mögliche Erklärung dafür könnte sein, dass der Körper beim Aufwachen Stresshormone ausschüttet und dass der Frühsport diesen Hormonen entgegenwirkt. Wenn man stattdessen später am Tag erst Sport treibt, haben die Hormone mehr Chancen, sich im Körper einzunisten. In einer weiteren Studie wurde festgestellt, dass intensiver Sport vor dem Frühstück den Auswirkungen von fettreichem Essen auf den Blutzuckerwert entgegenwirke, allerdings entdeckten andere Studien, dass die Performance beim Sport besser ausfalle, wenn man etwas Leichtes vorher frühstückte. Wie dem auch sei, mehrere Studien fanden einen medizinisch weniger komplexen Grund dafür, warum Frühsport effektiver sei: Menschen, die morgens Sport trieben, blieben eher dabei – wahrscheinlich aus den oben bereits erwähnten Willenskraft- und Logistikgründen. Eine einmalige Laufrunde bringt nicht viel, aber eine lebenslang eingehaltene Laufrunde an fünf Tagen pro Woche hat entscheidende Auswirkungen auf die Gesundheit.

Im Sommer 2011 joggte ich sowieso schon gerne, aber nun wollte ich herausfinden, ob ich morgendliches Joggen noch mehr mögen würde. Die Antwort? Ja. Nachdem wir im

Juni aus Manhattan in eine ländliche Gegend in Pennsylvania gezogen waren, fing ich an, an den Tagen, an denen mein Mann zu Hause war, morgens laufen zu gehen. Ich legte mir die Laufsachen (inklusive Haargummi) zurecht und stellte den Wecker auf 6.20 Uhr. So konnte ich innerhalb von zehn Minuten aus dem Haus sein und 45 Minuten lang die Feld- und Waldwege um unser neues Haus herum ablaufen. Die dichten grünen Blätter boten Schatten, auch an Tagen, an denen die Temperatur bis fast 40 Grad Celsius ansteigen konnte – das war vor allem wichtig, weil ich zu diesem Zeitpunkt schwanger war und mich nicht überhitzen wollte. Ich sah Regenwürmer auf den Wegen und scheuchte Wild auf, das im Wald stand und wartete. An einem besonders schönen Morgen sah ich just in dem Moment, als ich wieder nach Hause lief, einen Regenbogen. Da ich also oft am Morgen die gleiche Route lief, fiel mir immer wieder mein Fortschritt auf, wie die Tatsache, dass ich irgendwann ohne Pause die Serpentinen am Berg hochlaufen konnte. Es war eine wunderbare Zeit, um allein mit meinen Gedanken unterwegs zu sein, um über das Buch nachzudenken, das ich zu diesem Zeitpunkt gerade zu Ende schreiben wollte, und über die Hoffnungen für das kleine Mädchen zu sinnieren, das fröhlich in meinem Bauch vor sich hin wuchs und sich auf unsere gemeinsame Reise vorbereitete.

Da sie wohl den stimmungsaufhellenden Effekt von Morgensport erkannt haben, bieten inzwischen viele Fitnessstudios Kurse für Frühaufsteher an. Julie Delkamiller, Assistenzprofessorin für Sonder- und Gehörlosenpädagogik sowie

Gebärdendolmetschen an der University of Nebraska Omaha, nimmt an vier bis fünf Tagen in der Woche um 5.30 Uhr an einem Jazzercise-Kurs teil: »Das ist ungefähr zehn Minuten entfernt und dank des geringen Verkehrs komme ich schnell hin. Ich liebe diese Gemeinschaft mit anderen Frauen, die mir dabei helfen, es durchzuhalten, und die Kursleiter sind unglaublich motivierend. Lustigerweise ist das auch eine fast meditative Zeit für mich. Außerdem, ehrlich gesagt, ist der Kurs kleiner und man hat einfach mehr Platz.« Um 6.35 Uhr ist sie wieder zu Hause. »Alle anderen schlafen noch, also habe ich nicht das Gefühl, ich hätte etwas ›Wichtiges‹ verpasst, und ich sorge trotzdem für mich, was einen großen Einfluss auf meine Produktivität während des Tages hat.«

Falls jedoch bessere Produktivität nicht genug ist, um Sie aus dem Bett zu kriegen, gibt es immer noch die Strategie der Verpflichtung gegenüber anderen – besonders, wenn Sie einen Trainer für das Treffen bezahlen und so sichergestellt ist, dass Sie Sport treiben. Als David Adelman Wirtschaftswissenschaften an der University of Pennsylvania studierte und sich für seine Hochzeit fit machen wollte, engagierte er den amtierenden Mr. Baltimore für mehrere Morgensessions pro Woche im Philly Sports Club. Er war schon an die morgendliche Workout-Routine gewöhnt, da seine Frau und er sich bei dem schweißtreibenden Event »Barry's Bootcamp« in Los Angeles morgens um 6 Uhr kennengelernt hatten, als sie beide noch bei Bain & Company arbeiteten. »Wir waren einfach befreundet damals, aber gemeinsam diese Folter durchzustehen, machte uns zum Paar.« Nachdem er mehrere Monate lang drei- bis viermal die Woche morgens um 7 Uhr mit Mr. Baltimore trainiert hatte, konnte er eine wirklich beeindruckende Figur bei seiner Strandhochzeit präsentieren. Und selbst jetzt, wo er Reel Tributes leitet, ein Unternehmen, das Dokumentationsfilme über die Geschichte von Familien erstellt, und flexibler wäre, treibt er lieber morgens Sport: »Ich habe es gerne hinter mir.« Wenn man erst später am Tag Sport macht, graut es einem die ganze Zeit schon davor. Wenn man jedoch Sport macht, bevor die meisten auch nur gefrühstückt haben, muss man nicht viel darüber nachdenken.

Natürlich ist Sport nicht die einzig mögliche Selbstfürsorge, weshalb spirituelle Praktiken – beten, Andachten, lesen von heiligen Schriften oder meditieren – auch beliebt sind. Christine Galib, die früher in Morgan Stanleys Kanzlei für Privatvermögensverwaltung arbeitete und jetzt Mitglied von Teach For America an der Boys' Latin School im Zentrum von Philadelphia ist, steht an Wochentagen um 5 Uhr auf. Sie macht ein paar Armbeugen und Planks, sinniert ein paar Minuten über die Aufgaben des Tages nach, liest ein paar Verse in der Bibel und reflektiert diese einige Minuten lang, bevor sie sich ihr Frühstück macht: »Nichts, was ich an der Wall Street gemacht habe, hat mich auf den Unterricht von 25 bis 30 Jungs vorbereitet.« Dieses Ritual mache ihren Tag »einfacher durchzustehen«.

Wendy Kay, deren Arbeit beinhaltete, mehrere Blutplasmazentren (inklusive eines, das von der FDA, Food and Drug Administration geschlossen worden war, mithilfe ihrer Arbeit aber wiedereröffnet wurde) wieder auf Kurs zu bringen, sagt, ihr Morgenritual, »eine spirituelle Praxis und Meditation, war der Schlüssel zu meinem beruflichen Erfolg«. In den Jahren, als sie in der Pharmaindustrie gearbeitet hatte, wachte sie zwei Stunden, bevor sie das Haus verlassen musste, auf und verbrachte einen Großteil der Stunden damit, mit Gott zu reden, Dankbarkeit auszudrücken, Rat zu suchen und für Inspirationen offen zu sein. Dann schrieb sie Gedanken auf: »Wenn ich danach dann zur Arbeit erschien, hatte ich immer alles im Blick, die Ziele waren offensichtlich und ich konnte meinen Mitarbeitern und Assistenten einen klaren Plan vorlegen.«

Manisha Thakor, Gründerin und CEO der Vermögensverwaltung MoneyZen, schwört auf Transzendentale Meditation. Diese besteht aus täglich zwei 20-minütigen Meditationseinheiten. Während dieser fokussiert sie sich auf ihre Atmung und wiederholt ein Mantra im Kopf. Die erste Sitzung hält sie vor dem Frühstück ab und die zweite zu Hause, zur mentalen Umstellung nach Feierabend. Sie begann mit dieser Praktik, als sie von der Führungskraft zur Entrepreneurin wurde: »Die Anforderungen waren ganz andere, ich hatte das Gefühl, dass meine Arbeit 24/7/365 in meinem Kopf stattfand. Dort war einfach nie genug Ruhe, um so kreativ zu sein, wie ich wollte.« Also meldete sie ihren Mann und sich für ein Training an und findet, diese Praktik habe »mein Leben auf eine Weise verbessert, wie ich es sonst nie erlebt habe. Ich denke klarer. Kreative Ideen ›ploppen‹ öfter in meinen Kopf auf. Ich kann viel ruhiger und strategischer jeden Tag auf meine To-do-Liste schauen«. Als Ergebnis ist es »viel angenehmer geworden, mit einem Aufzieh-Äffchen-Workaholic wie mir Zeit zu verbringen«.

GESTALTEN SIE IHREN MORGEN NEU

*D*ie morgendlichen Angewohnheiten anderer Menschen haben mir gezeigt, dass es meist ein fünfstufiger Prozess ist, das Beste aus der eigenen Zeit zu machen.

Die eigene Zeit erfassen

Um seine Zeit besser nutzen zu können, muss man auch wissen, wie man sie bis dato nutzt. Falls Sie jemals versucht haben abzunehmen, dann wissen Sie, dass Ihnen die Ernährungsberater das Führen eines Ernährungstagebuchs empfehlen, weil es Sie vom unbedachten Essen abhält. Das Gleiche gilt für Zeit. Schreiben Sie, sooft Sie können und so detailliert, wie Sie es für hilfreich halten, auf, was Sie tun. Sie können sich eine Tabelle als Vorlage unter http://lauravanderkam.com/books/168-hours/manage-your-time/ herunterladen, Sie können aber auch ein kleines Notizheft oder ein Word-Dokument auf Ihrem Computer benutzen.

Sie denken jetzt wahrscheinlich besonders an die Morgenstunden, aber tracken Sie am besten eine ganze Woche (168 Stunden). Der Grund dafür ist einfach: Die Lösung für das Morgendilemma liegt meist woanders begraben. Sie könnten morgens schlicht zu müde sein, weil Sie abends zu lange wach bleiben. Aber wenn Sie sich anschauen, wie Sie Ihre Abende verbringen, fällt Ihnen auf, dass Sie nichts Dringendes oder besonders Unterhaltsames tun. Jon Stewarts Show können Sie aufnehmen und später anschauen – zum Beispiel, während Sie sich morgens um 6.30 Uhr auf dem Laufband bewegen. Die wenigsten Kollegen erwarten eine sofortige Antwort auf Mails zwischen 23 und 8 Uhr, warum sollte man dann also einen Blick in den Posteingang werfen? Wenn Sie die Zeit mit Aufräumen verbringen, bedenken Sie, dass es am nächsten Tag ohnehin wieder unordentlich sein wird, Sie aber diese Zeit nie wieder zurückbekommen. Wenn Sie nicht in einem unordentlichen Raum schlafen können, dann könnte es reichen, nur das Schlafzimmer aufzuräumen und abends die Tür zum Rest des Haushalts zu schließen.

Und die Morgenstunden selbst können Sie zwar überaus organisiert verbringen, aber das heißt nicht, dass diese dann trotzdem mit Ihren Werten einhergehen. Tracken Sie diese also besonders sorgsam und hinterfragen Sie Ihre eigenen Annahmen. Was muss unbedingt passieren, was nicht? Eventuell sind Sie der festen Überzeugung, dass »eine gute Mutter ihren Kindern Mittagessen mitgibt«, aber ich wette, Sie werden mehrere Mütter finden, die Sie für gute Mütter halten, die aber ihren Kindern dennoch nur einfach Geld für das Mittagessen in den Rucksack packen. Sie glauben vielleicht, dass »ein Mann, der seinen Job behalten will, vor seinem Chef im Büro ist«, weil das auch Ihr Vater bereits glaubte, aber vielleicht ist Ihr Chef enttäuscht darüber, dass er das Büro diese Stunde am Morgen nicht für sich allein hat! Ist Ihre Körperpflege vielleicht allzu penibel? Verlangen Ihre Kinder Sachen von Ihnen, die sie schon selbst machen könnten? Das war ein Problem in meinem Haushalt und ein Teil der Aufgabe, um meine Morgenstunden neu gestalten zu können: Meine Kinder mussten eigenverantwortlicher werden. Die Zeit, die Sie nicht nach Rucksäcken im Haus herumsuchen, könnte Zeit sein, in der Sie mit Ihren Kindern reden können. Wenn Sie für sich entscheiden, dass die Zubereitung des Mittagessens oder die Tatsache, als Erster im Büro zu sein, eine höchste Priorität bei Ihnen hat, dann machen Sie es auch so – aber seien Sie sich einfach bewusst, dass dies Ihre Entscheidung war und nicht etwas, was Sie tun *müssen*.

Den perfekten Morgen ausmalen

Nachdem Sie nun wissen, wie Sie Ihre Zeit verbringen, fragen Sie sich, wie Ihr perfekter Morgen aussähe. Bei mir wäre das eine morgendliche Jogginrunde (oder vielleicht dem Vorschlag meines Lesers folgend eine Runde Guten-Morgen-Sex), gefolgt von einem üppigen Frühstück mit der ganzen Familie und gutem Kaffee, dann, wenn alle anderen aus dem Haus sind, konzentrierte Arbeit an einem Langzeitprojekt wie einem Buch und Blogartikel schreiben. Im Folgenden ein paar Vorschläge für mögliche Angewohnheiten am Morgen:

Malen, zeichnen, fotografieren (wenn es draußen hell ist), Scrapbooking, handarbeiten, basteln, dichten, ein Instrument üben (wenn Sie allein leben), einen religiösen Text Zeile für Zeile lesen, Yoga, Zumba, ein Spaziergang, für einen Halbmarathon trainieren, Rad fahren, schwimmen, Sport mit einem Trainer, Gewichte heben, beten, ein Buch mit religiösen Texten lesen, Ihre Fotoalben oder Kontaktlisten durchgehen und für diese Menschen beten, Meditation, eine Liste aller Dinge erstellen, für die Sie dankbar sind, Ihren eigenen Blog schreiben, »Morgenseiten« (nach den Morning Pages von Julia Camerons *Der Weg des Künstlers*[3]), 1.000 Worte für einen Roman schreiben, Tagebuch führen, Dankesbriefe schreiben, Artikel in Fachmagazinen lesen, an einem regelmäßigen Netzwerkfrühstück teilnehmen, mit der Familie frühstücken, Pfannkuchen oder etwas anderes mit den Kindern backen, zusammen für einen Familienlesekreis lesen, die Geschichten der Kinder lesen, Shakespeares Stücke lesen, die besten Romane des 20. Jahrhunderts lesen, herausfordernde Musik hören wie Wagners *Ring des Nibelungen*, mit Ihren Kindern spielen, Kunstprojekte mit Ihren Kindern machen, im Garten werkeln, mit Ihrem Partner Sport treiben, jeden Morgen ein neues Rezept ausprobieren, strategisch über Ihre Karriere nachdenken, die Langzeitplanung Ihrer Karriere als Angestellte angehen, über neue unternehmerische Ideen oder Verkaufsprojekte brainstormen, sich neue Projekte oder Initiativen ausdenken, lernen, einem Onlinekurs mit selbstbestimmtem Tempo nachgehen.

Die Logistik überdenken

Wie könnte diese Vision mit Ihrem Leben verknüpft werden? Wie lange braucht Ihr Ritual? Gehen Sie nicht davon aus, dass Sie diese Zeit noch zusätzlich zum Fertigmachen brauchen oder noch früher im Büro sein müssen. Das Gute daran, den eigenen Morgen mit wichtigen Aktivitäten zu füllen, ist, dass automatisch andere Punkte verdrängt werden, die zeitintensiver sind, als sie sein müssten. Wenn Sie sich 15 Minuten zum Duschen geben, werden Sie 15 Minuten brauchen – geben Sie sich fünf, und Sie sind fertig in fünf. Außer Ihr idealer Morgen beinhaltet eine besinnliche Dusche, dann sollten Sie einfach, solange Sie können, drin bleiben. Erstellen Sie sich einen morgendlichen Zeitplan. Was muss passieren, damit dieser Zeitplan funktionieren kann? Wann sollten Sie aufstehen und (noch wichtiger) wann sollten Sie ins Bett gehen, damit Sie genug Schlaf bekommen? Können Sie rechtzeitig ins Bett gehen? Für diejenigen, die sonst immer lange aufbleiben, klingt die zurückgerechnete Uhrzeit acht Stunden vor der angedachten Aufstehzeit höchst unwahrscheinlich, aber es gibt vieles, was man tun kann, damit man sich weniger im Bett hin- und herwälzt. Sehen Sie eine Stunde vor der Schlafenszeit nicht fern und checken Sie keine Mails mehr (es gibt Belege dafür, dass das Licht der Bildschirme den Schlafrhythmus beeinträchtigt). Der Raum sollte dunkel und ein wenig kühl sein. Nutzen Sie Ohrstöpsel, falls andere Familienmitglieder noch wach und auf den Beinen sind. Atmen Sie ein paarmal tief ein und aus, meditieren, beten Sie oder schreiben Sie in ein Tagebuch, lesen Sie etwas Entspannendes.

In Bezug auf die Morgenstunden selbst: Müssen Sie mit Ihrem Partner die Kinderbetreuung tauschen, einen Sitter für manche Tage engagieren oder Ihre Kinder früher in die Schule oder die Kita bringen? Brauchen Sie Trainingsgeräte? Können Sie im Homeoffice arbeiten und so das Pendeln reduzieren? Können Sie mit einem anderen Familienmitglied oder einer Freundin eine Fahrgemeinschaft bilden?

Was würde Ihr Ritual vereinfachen? Müssen Sie sich die Staffelei direkt neben das Bett stellen? Brauchen Sie einen fröhlicheren Wecker? Oder einen, der sich weniger einfach ausstellen lässt?

Erstellen Sie sich einen Plan und besorgen Sie sich dann alles Nötige – aber egal, was Sie machen, stempeln Sie Ihre Vision nicht als Unmöglichkeit ab. Es ist einfach, den eigenen Ausreden zu glauben, vor allem, wenn sie gut sind. Vielleicht sagen Sie sich selbst, dass Sie morgens keinen Sport treiben können, weil Sie alleinerziehend mit kleinen Kindern sind (oder an Wochentagen alleinerziehend – eine meiner Hürden manchmal). Aber vergessen Sie für den Moment die finanziellen Grenzen. Stellen Sie sich vor, Sie hätten alles Geld der Welt, und listen Sie so viele Optionen wie möglich auf – Sie werden schnell feststellen, dass diese unterschiedlich teuer sind oder unterschiedliche Schwierigkeitsgrade haben. Sie könnten zum Beispiel eine Tagesmutter engagieren, die bei Ihnen wohnt, oder ein Au-pair, oder einen Verwandten bestechen, bei Ihnen einzuziehen. Sie könnten eine WG aufmachen und vielleicht mit einer anderen Alleinerziehenden zusammenziehen, für die Sie dann wiederum einspringen, wenn diese Sport treiben will. Sie könnten einen frühmorgendlichen Sitter für die Tage engagieren, an denen Sie Sport machen wollen – oder einen Verwandten oder eine Freundin bitten, an diesem Morgen vorbeizuschauen. Sie könnten eine Tagesbetreuung oder ein Vorschulprogramm finden, das auch frühe Morgenstunden abdeckt, oder ein Fitnessstudio mit Kinderbetreuung. Sie könnten sich ein Laufband (neu oder gebraucht) kaufen, es in den Keller vor einen Fernseher stellen und laufen gehen, solange die Kinder schlafen. Sie könnten sich einen Jogger-Kinderwagen besorgen und Ihre Kinder mitnehmen. Wenn ich mir diese Liste so anschaue, ist das gebrauchte Laufband wohl die kostengünstigste Option und logistisch gesehen am wenigsten aufwendig, aber vielleicht ist für Sie ja eine der anderen Optionen interessanter.

Die Angewohnheit etablieren

Dies ist der wichtigste Schritt. Um einen Wunsch in ein Ritual zu verwandeln, braucht es zu Beginn viel Willenskraft – und nicht nur an den ersten paar Tagen. An diesen ersten Tagen haben Sie genug Motivation, um morgens um 5.30 Uhr Bäume auszureißen, aber so bei circa Tag 13 kommen Sie ins

Schwanken, und Ihr Bett wird Ihnen ziemlich verführerisch vorkommen. Was sollten Sie also tun?

Zunächst sollten Sie es langsam angehen. Gehen Sie einige Tage lang 15 Minuten früher ins Bett und stehen Sie 15 Minuten früher auf, bis dieser neue Rhythmus etabliert ist.

Halten Sie Ihre Energie im Blick. Es ist anstrengend, eine neue Angewohnheit zu etablieren, also achten Sie währenddessen auch auf die Selbstfürsorge. Essen Sie gut und genug, machen Sie während des Arbeitstags Pausen und umgeben Sie sich mit Menschen, die wollen, dass Sie erfolgreich sind.

Etablieren Sie immer nur eine einzelne neue Angewohnheit auf einmal. Wenn Sie jeden Morgen laufen gehen, beten und Tagebuch schreiben wollen, wählen Sie sich einen dieser Punkte aus und nutzen Sie die Energie, um diese Aktivität zur Gewohnheit zu machen, bevor Sie die nächste angehen.

Zeichnen Sie Ihren Fortschritt auf. Es dauert mehrere Wochen, eine neue Angewohnheit zu etablieren, also zeichnen Sie mindestens die ersten 30 Tage auf. Ben Franklin hielt in seinen Schriften fest, dass er sich selbst Noten für die Ausübung verschiedener Tugenden (Geduld, Bescheidenheit etc.) gab. So ähnlich machte es auch Gretchen Rubin in *Das Happiness-Projekt*, indem sie Fortschritte auf ihrer Tabelle der Vorsätze vermerkte, wenn sie in Richtung ihrer Ziele weiterkam. Sobald sich ein übersprungener Tag so anfühlt, als hätten Sie etwas vergessen – wie wenn man das Zähneputzen vergisst –, dann wissen Sie, dass sich die Angewohnheit etabliert hat, und können einen Schritt zulegen.

Scheuen Sie sich auch nicht davor, sich am Anfang selbst zu bestechen. Irgendwann wird der tägliche Sport seine eigene Motivation sein – wenn Sie feststellen, dass Sie besser aussehen und mehr Energie haben –, aber bis dahin können externe Motivatoren, wie sich selbst ein Konzertticket oder eine Massage zu versprechen, dabei helfen dranzubleiben. Vergessen Sie dabei nicht, dass Ihre Morgenrituale keine Selbstkasteiung sein sollten. Suchen Sie sich etwas aus, das Ihnen Spaß macht. Shawn Achor, Autor von *The Happiness Advantage*[4] und eigener Aussage nach eine Nachteule, polte sich selbst zum Morgenmenschen um, indem er Rituale entwarf, die ihn vor Freude aus dem Bett trieben. Er beginnt den Tag mit einer Liste von Punkten, für die er dankbar ist. »Der Grund, weshalb wir morgens im Bett bleiben wollen, ist, dass unser Gehirn schon erschöpft ist, wenn es nur an die anstehenden Punkte denkt. Wir denken an Aufgaben statt an Sachen, die uns glücklich machen«, so Achor. Aber das Gegenteil ist auch wahr: »Wenn man an das denkt, worauf man sich freut, schafft man es einfacher aus dem Bett. Das, worauf sich das Gehirn konzentriert, wird zur Realität.«

Zusätzlich zu seiner Dankbarkeitsliste nutzt er ein paar der Minuten am Morgen dafür, eine kurze, wertschätzende Mail an einen Freund oder Verwandten zu schicken oder sogar, um eine Dankeskarte an den Englischlehrer aus Abiturzeiten zu schreiben. Das bringt ihn in eine liebende und verbundene Gemütsverfassung: »Das ist sogar mein liebster Teil des Tages.« Das noch vor dem Frühstück gemacht, und schon wirkt der Morgen gleich viel leichter.

Rituale anpassen, wenn nötig

Das Leben verändert sich, und Rituale können sich dementsprechend auch verändern. Ich hörte mein Morgenritual der Joggingrunde im Morgengrauen auf, als meine Schwangerschaft zu weit fortgeschritten war, um noch angenehm laufen zu können. Nach Ruths Geburt entschied ich mich, wieder am frühen Nachmittag laufen zu gehen – da war es wärmer und hell draußen, außerdem wusste ich nie, wann sie morgens wach werden würde und ich sie füttern müsste. Stattdessen frühstückte ich jetzt morgens in Ruhe mit meinen Kindern und las ihnen manchmal Geschichten vor, bevor ich meinen morgendlichen Produktivitätsschub für eines meiner längerfristigen Schreibprojekte nutzte. Ich freue mich jedoch schon darauf, wieder morgens laufen gehen zu können, wenn meine Kleinste ein wenig älter ist – darauf, dass die frische Morgenluft mir das Gefühl gibt, dass an diesem wie an jedem Tag einfach alles möglich ist.

Denn das ist ja das Faszinierende an jedem neuen Morgen: Es fühlt sich an, als hätte man eine neue Chance bekommen, die Dinge richtig zu machen. Wenn man dann einen Erfolg erlebt, führt das zu einer »Erfolgskaskade«, wie es Achor formuliert: »Sobald das Gehirn einen Erfolg für sich verbucht, erhöht dies die Chance, dass es den nächsten Schritt gehen wird, und den nächsten.« Wenn man daran glaubt, dass die eigenen Aktivitäten etwas bewirken, dann erlernt der Mensch Optimismus oder – noch treffender – Hoffnung.

Die erfolgreichsten Menschen wissen, dass diese hoffnungsvollen Stunden, bevor die meisten gefrühstückt haben, viel zu wertvoll sind, um sie auf halb bewusste Aktivitäten zu verschwenden. Sie können mit diesen Stunden vieles anstellen. Randeep Rekhi aus Colorado arbeitet in Vollzeit bei einem Finanzdienstleister. Wenn er jedoch morgens um 8 Uhr im Büro erscheint, hat er bereits Sport getrieben und sich um die Website des Weinladens seiner Familie, WineDelight.com, gekümmert. Er wacht um 5 Uhr auf und geht direkt bis gegen 6 Uhr ins hauseigene Fitnessstudio. Dann sitzt er anderthalb Stunden am Computer, um den Traffic auf der Website zu checken und Kundenmails zu beantworten. »Die Zeit nach Feierabend füllt sich schnell mit Netzwerkveranstaltungen, Happy Hours etc., also sind die Morgenstunden die einzigen, die ich immer für mich nutzen kann, ohne etwas anderes dafür absagen zu müssen«, erklärt er. In mir zieht sich alles zusammen, wenn ich darüber nachdenke, um 5 Uhr aufzustehen, aber in Wirklichkeit mache ich vor 10 Uhr nur belanglose Dinge. Immer, wenn ich kurz davor bin zu sagen, ich hätte keine Zeit für irgendetwas, erinnere ich mich selbst daran, dass ich früh aufstehen könnte, wenn ich nur wollte. Diese Stunden stehen uns allen zur Verfügung, wenn wir uns dazu entschließen, sie zu nutzen.

Wie möchten Sie also Ihre Morgenstunden nutzen? Wie bei allen anderen wichtigen Fragen auch lohnt sich hier ein gründliches Nachdenken – Sie sollten also überlegen, was Ihnen wirklich etwas bedeutet. Sobald Sie sich aber entschieden haben, können kleine Angewohnheiten Großes bewirken.

Eine Angewohnheit hat, so formulierte es einst Anthony Trollope, »die Kraft eines steten Wassertropfens, der den Stein höhlt; eine kleine tägliche Aufgabe – wenn sie wirklich täglich ausgeführt wird – wird mehr bringen als die Arbeit eines sporadisch erscheinenden Herkules«.

Indem Sie also Ihre Morgenstunden neu gestalten, können Sie Ihr Leben neu gestalten. Das wissen erfolgreiche Menschen.

WIE DIE ERFOLGREICHSTEN MENSCHEN IHRE WOCHENENDEN VERBRINGEN

Das Paradox der Wochenenden

Mike Huckabee ist ein beschäftigter Mann. Der baptistische Pfarrer und frühere Gouverneur von Arkansas kandidierte 2008 für die Präsidentschaft der USA, aber als dies nicht klappte, wurde er Meinungsführer bei den Republikanern, sammelte Geld und warb für Kandidaten, deren Ansichten er unterstützte. Er hat gerade sein zehntes Buch veröffentlicht, moderiert eine dreistündige Radiosendung, die an Werktagen ausgestrahlt wird, und reist donnerstags von seinem Wohnort in Florida nach New York City, um dort seine Sendung *Huckabee* beim Sender Fox News aufzunehmen. Man muss seine politischen Ansichten nicht teilen, um erkennen zu können, dass dies ein kräftezehrender Zeitplan ist, vor allem, da er seine Fernsehsendung samstags aufnimmt, seine Woche also aus sechs Werktagen besteht. Was macht dies alles möglich?

Sonntage. »Das ist mein Tag, um mich zu erholen und so etwas wie die von mir so genannte ›Mike-Zeit‹ zu haben«, erklärt Huckabee. »Es ist fast wie ein Marathon. Man weiß, dass die Ziellinie da draußen irgendwo auf einen wartet, und man stellt sie sich gedanklich vor. Im Laufe der Woche stelle ich mir oft den Sonntag als meinen Tag vor, an dem ich durchschnaufen kann. Dann stehe ich bei niemandem im Kalender und muss mein Mikrofon nicht zu einer bestimmten Zeit anschalten.« Von dem Moment an, wenn sein Flugzeug am Samstag um 19.45 Uhr landet, bis zu dem Zeitpunkt, zu dem er Sonntagabend seinen Kommentar für den *Huckabee Report* aufnimmt, ist es »meine Zeit, um meine mentalen Akkus wieder aufzuladen«.

Aber was Huckabee als »Freizeit«-Tag beschreibt, ist alles andere als faul. »Ich bin strukturiert und ordentlich«, sagt er über sich selbst, und weil seine Freizeit so eingeschränkt ist, muss er achtsam sein, wie er sie nutzt. »Ich sitze fast nie einfach nur da und schaue fern.« Stattdessen hat Huckabee einen Plan. Er steht sonntagmorgens um 6 Uhr auf und trainiert auf seinem Fitnessliegerad und seinem Crosstrainer, dabei liest er mehrere Zeitungen (gedruckte auf dem Rad; digitale auf dem Crosstrainer). Seine Frau Janet und er nehmen um 10.45 Uhr am Gottesdienst im Destiny Worship Center teil, wo die Musik zeitgenössisch ist, der Prediger »fantastisch« und es völlig in Ordnung sei, wenn man »in Shorts und einem Standkleid teilnehmen möchte«. Nach dem Mittagessen geht Huckabee in der Tat an den Strand. »Das Wetter zwingt mich schon fast dazu, draußen zu sein« – und er verbringt seinen Nachmittag normalerweise damit, »am Strand zu sitzen und nur den Möwen und den Wellen in der Brandung zuzuhören«. Zum Abendessen haben die Huckabees dann öfter Freunde zu Besuch, die er dann bekocht – ein Hobby, das ihm, wie er gesteht, Spaß macht. Meist besteht es aus Steaks oder Fisch vom Grill, einem Filet oder Spareribs aus dem elektrischen Smoker. »Es ist wirklich einfach eine gute Zeit«, fasst er zusammen. Da die Wochentage alles beinhalten, was er tun muss, bestehen die Sonntage tatsächlich nur aus dem, »was ich machen möchte«.

Wenn so die Akkus wieder aufgeladen wurden, geht Huckabee entspannt und erfrischt in den Montag, bereit, es mit der Welt aufzunehmen. Nachdem er darüber nachgedacht hat, wie er seine Philosophie über die Wochenenden beschreiben solle, führt er zwei scheinbar widersprüchliche Gedanken aus. Erstens muss man sich selbst darauf festlegen, dass man sich die Zeit freinimmt – wie eine Art Sabbat – und sich selbst Raum für Erholung in dieser stressigen Welt einräumt. Aber zweitens muss einem bewusst sein, dass diese freie Zeit viel zu kostbar ist, um unbedacht mit ihr umzugehen. »Man sollte nicht mit zu wenig Struktur darangehen, sodass man dann letztlich nichts macht, weil man den ganzen Tag darüber nachdenkt, was man tun möchte«, empfiehlt Huckabee. »Wenn man weiß, dass man ein Buch lesen möchte, dann sollte man das Buch holen, es hinlegen und einplanen, es zu lesen. Sagen wir, um 13 Uhr. Und um 13 Uhr liest man es dann. Man sollte nicht bis zum Nachmittag damit warten und sich dann fragen: Lesen? Oder doch lieber Musik hören? Spazieren gehen? Dann sitzt man nur herum und verschwendet eine Stunde der wenigen Zeit dafür, sich zu überlegen, was man mit dem Rest machen möchte.« Um das Beste aus den Wochenenden holen zu können, »fragt man sich: ›Was würde mich so richtig, richtig glücklich an diesem Tag machen, mich aus der normalen Routine holen und mir Freude bereiten?‹ Dann sagt man sich: »›Das mache ich«‹, und wenn die Zeit dafür gekommen ist, sollte man diszipliniert genug sein, um sich an diesen Plan zu halten. Als wäre es ein Termin – wie ein Arzttermin oder der Zeitpunkt, um zur Arbeit zu gehen.

Das ist das Paradox der Wochenenden: »So wie es einen definierten Arbeitsbeginn gibt, muss man sich einen Termin für den Feierabend setzen.«

Auf der Suche nach der Erholung

Nachdem ich inzwischen Hunderte von Zeitprotokollen gelesen habe, bin ich der Meinung, dass Huckabee da an etwas dran ist. Wenn man einen fordernden Job hat – die Art, bei der man um Mitternacht das Handy ausschalten muss, weil es sonst die ganze Nacht klingelt, bei der man montags in den Flieger und donnerstags wieder aussteigt, in der Hoffnung, dass man nicht zu viele Zeitzonen durchquert hat, bei der ganze Nachmittage zu Feuerlöschversuchen per E-Mail zusammenschmelzen –, dann wissen Sie, dass die Wochenenden die letzte Bastion zwischen Ihnen und einem drohenden Burn-out sind.

Erfolg in einer kompetitiven Welt bedeutet, dass Sie montags erfrischt und startklar sein müssen. Die einzige Lösung dafür ist, dass Sie Ihre Wochenenden so gestalten, dass Sie erfrischt daraus hervorkommen, nicht erschöpft oder enttäuscht.

Trotzdem haben viele von uns Probleme, die Wochenenden gut zu nutzen. Selbst die Menschen, die nachhaltig mit ihren Arbeitstagen umgehen, haben oft das Gefühl, dass ihnen das Wochenende durch die Finger rinnt. Diese Tage verlieren sich in Hausarbeit, Besorgungen, ineffizientem Mails-Checken, unbewusst ausgewählten Fernsehmarathons oder ständigen Eltern-Taxifahrten zu Kinderaktivitäten, die jegliche Energie aus den erwachsenen Chauffeuren saugen. Wenn wir lernen wollen, wie wir uns erholsame Wochenenden verschaffen können, müssen wir anders über diese Wochenenden denken, als wir es gewohnt sind und – in den meisten Fällen – zuerst einmal wollen. Wir müssen diese Stunden strategisch angehen.

Wie viele Stunden? Wenn wir die Wochenenden also gut für uns nutzen wollen, müssen wir das Paradox in Kauf nehmen, dass wir auch unsere Freizeit planen und strukturieren müssen. Dabei gilt es zu beachten, dass ein Wochenende zwar viele Stunden bietet, aber nicht ganz so unendlich ist, wie es scheinen mag. Während manche wie Huckabee eine Sechstagewoche haben, denken die meisten von uns beim

Thema Wochenende an Samstag und Sonntag – das Wochenende ist aber in der Tat ein wenig länger als nur diese zwei Tage. Es liegen 60 Stunden zwischen dem Feierabendbier am Freitagabend um 18 Uhr und dem Wecker am Montagmorgen um 6 Uhr. 60 Stunden sind ein recht hoher Prozentsatz von 168 Wochenstunden. Selbst wenn Sie 24 Stunden dieser 60 schlafen, bleiben Ihnen immer noch 36 Stunden Wachzeit für die Erholung. Das ist das Äquivalent einer Vollzeitstelle – und das wiederum ist ein hilfreicher Gedanke. Sie würden schließlich niemals eine Stelle mit einer 36-Stunden-Woche annehmen, ohne sich zu fragen, was Sie damit anfangen sollen und welches Ergebnis daraus resultieren soll.

Auf der anderen Seite sind diese 60-Stunden-Blöcke zwar lang, aber es gibt nicht unendlich viele davon. Sie haben weniger als 1.000 Samstage mit jedem Kind, bevor es erwachsen ist. Noch seltener sind diese perfekten Wochenenden, an denen man eine Jahreszeit so intensiv erlebt, dass man sich immer daran erinnert, wenn man an diese Jahreszeit denkt. Hier im Nordosten der Vereinigten Staaten gibt es nur drei Herbstwochenenden, an denen die Bäume ihre volle, glorreiche Farbe tragen, bevor der Winterwind die Blätter fortträgt. Sollten Sie 80 Jahre alt werden, sind das gerade einmal 240 Wochenenden mit leuchtend scharlachroten Ahornblättern – und Sie erinnern sich höchstwahrscheinlich nicht an die ersten zehn Prozent davon. Diese gezählten Wochenenden gehen vorbei, ob wir wissen, was wir mit ihnen machen, oder nicht. Auch wenn es einem so vorkommt, als würde es danach immer wieder ein Wochenende geben – ein anderes

Wochenende, an dem wir weniger müde, weniger gestresst, sondern unternehmungslustiger sind –, so ist die Zeit doch alles andere als unendlich.

Erfolgreichen Menschen ist bewusst, dass die Wochenenden noch mehr Achtsamkeit verdienen als die Arbeitstage. Jede Woche erhalten Sie wieder eine neue Chance, diese Zeit so zu nutzen, dass Sie glücklicher, kreativer und gesünder aus ihr hervorgehen. Wie schaffen Sie diese Erholung? Wie strukturiert man seine Wochenenden, um so ein erfülltes Leben zu erreichen? Das ist das Thema dieses Kapitels, und die Antwort fängt damit an, dass man an eine alte Frage ganz neu herangeht.

»Was machen wir dieses Wochenende?«

Wenn Ihr Haushalt meinem ähnelt, dann wird die Frage, was man am Wochenende machen könnte, meist nicht vor Freitag gestellt – und manchmal sogar erst, wenn alle am Samstag aus dem Bett gekrochen sind. Wenn Sie die Woche damit verbracht haben, dem Verkehr zu trotzen oder Flugmeilen zu sammeln, dann denken Sie vielleicht, Sie wollen, dass die Antwort »nichts« lautet.

Das hat einen gewissen Reiz. Wir stellen uns dabei faule Tage vor, die wir im Schlafanzug verbringen, oder, wie John Keats es in seinem Gedicht »Ode an den Müßiggang« (*Ode on Indolence*) beschreibt, »kühl gebettet in der Blumenwiese« zu liegen. Das ist ein verführerischer Gedanke – solange man bedenkt, dass Keats keine Kinder hatte und lange vor der Zeit des Fernsehens und des Internets lebte. In unserer Welt voller Ablenkungen kämpfen wir kontinuierlich gegen die Verführungen der Elektronik an, die unsere Zeit aufzufressen drohen. Während also »nichts« in Keats' Zeit bedeutete, den Wolken beim Vorbeiziehen zuzuschauen, bedeutet »nichts« heute, dass wir die Wochenendstunden auf dem Sofa lustlos vor dem Fernseher verbringen, planlos im Internet herumsurfen und sinnlos E-Mails checken. In einer aktuellen Studie des Center on the Everyday Lives of Families der UCLA wurde festgestellt, dass die Erwachsenen in Doppelverdienerhaushalten der Mittelschicht in Los Angeles wöchentlich weniger als 15 Minuten ihrer Freizeit im Garten verbrachten. Sie hatten mehr Freizeit – weitaus mehr als 15 Minuten. Sie hatten großartiges Wetter und hübsche Möbel auf der Veranda. Nur nutzten sie es nicht. In einer Welt der konstanten Vernetzung muss man selbst die Zeit der Entspannung bewusst planen, denn die Zeit wird irgendwie ablaufen, ob geplant oder ungeplant. Und wenn wir sie nicht planen, heißt das, dass wir unsere Stunden mit etwas weniger Erfüllendem verbringen, als wir uns im Nachhinein gewünscht hätten.

Das gilt umso mehr, wenn man kleine Kinder zu Hause hat. Bei uns heißt »nichts tun« immer noch, dass wir uns um drei Kinder unter sechs Jahren kümmern. Eltern, die ihre Kinder zu Hause betreuen, denken sicherlich nicht von sich selbst, dass sie die Woche über nichts tun, und einer der Gründe, weshalb sie Spieletreffen mit anderen Kindern oder Kunstkurse ausmachen, ist, dass es weitaus anstrengender ist, mit sich streitenden Kindern zu Hause hocken zu müssen, als sie mit etwas anderem abzulenken, etwas Geplantem – im Idealfall etwas, das auch den Eltern Spaß macht.

Mit all dem möchte ich sagen, dass Huckabees Struktur-Appell durchaus den einen oder anderen Gedanken wert ist. Meiner Erfahrung nach führt das zu zwei Entscheidungen, mit denen man sich am Wochenende Erholung und neue Motivation verschafft.

Aufgaben der etwas anderen Art

Ja, Ihre Wochenenden sollten sich anders gestalten als Ihre Wochentage. Ja, Sie brauchen irgendeine Form von Erholung. Ted Devine, CEO von Insureon und ehemaliger CEO von Aon Re, der an den Wochenenden eine Jugendmannschaft im Eishockey trainiert, zieht einen Vergleich zu ebenjenem Sport: »Man muss anderthalb Minuten lang auf dem Eis sein Bestes geben, und dann runter vom Eis und die Beine entspannen – wenn man das nicht macht, kann man beim nächsten Einsatz lange nicht so gut spielen.« Aber ich halte (in Anbetracht der Tatsache, dass Devine am Wochenende Hockeytrainer ist, statt auf der Bank zu sitzen!) »aktive Erholung« oder Crosstraining für die besten Analogie aus dem Bereich Sport.

Ich habe die Vorteile des Crosstrainings für die sportliche Seite meines Lebens entdeckt, als ich mich im April 2010 für den Big-Sur-Marathon anmeldete. Ich hatte Ende September 2009 mein Kind bekommen, und auch wenn ich während meiner Schwangerschaft weiterhin gelaufen war, war doch die Anzahl der gelaufenen Kilometer im letzten Trimester und in den ersten Wochen nach der Geburt – nicht überraschend – geringer, als es jeder Trainingsplan sonst vorgibt. Ich wusste, dass ich mir nur ein Schienbeinkantensyndrom, kaputte Knie oder eine Achillessehnenscheidenentzündung einfangen würde, wie es so vielen angehenden Marathonläufern passiert, wenn ich die Kilometer zu schnell steigern würde. Zum Glück fiel mir das Buch *Run Less, Run Faster* von Bill Pierce, Scott Murr und Ray Moss in die Hände.[5] Ihre Methode sieht vor, dass man die »Schrottkilometer«, also die Kilometer, die man für das Training eigentlich nicht braucht, weglässt, sondern stattdessen mit dem Fahrrad fährt, schwimmt oder anderen Sport treibt. Die Autoren schreiben hierzu: »Wenn Laufen der einzige Sport ist, den Sie betreiben, dann werden Ihre Muskeln immer auf die gleiche Art belastet, was wiederum die Verletzungsgefahr erhöht. Das Crosstraining ermöglicht stattdessen ein erhebliches Maß an Kreislauftraining, ohne dabei eine bestimmte Muskelgruppe zu stark zu beanspruchen. (...) [Crosstraining] verhindert zudem sowohl Langeweile als auch den Burn-out beim Trainieren, stattdessen erhalten Sie sich Ihren Trainingseifer.« Ich lief nie mehr als 56 Kilometer pro Woche, aber war für den Marathonlauf so gut in Form, dass ich am Tag darauf mit meiner Familie wandern gehen konnte. Crosstraining war besser für mein Laufen als Sitzen auf dem Sofa oder noch mehr Laufen. Ebenso sind andere Formen von Tätigkeiten – sei es Sport, ein kreatives Hobby, aktive Kinderbetreuung oder Freiwilligendienst – besser für Ihren Arbeitseifer am Montag, als völlig inaktiv vor sich hin zu vegetieren oder das Wochenende durchzuarbeiten. Wie Anatole France einst in *Professor Bonnards Schuld* schrieb: »Aber der Mensch ist so beschaffen, dass er sich von einer Arbeit nur durch eine andere erholen kann.«[6]

Diese Thematik – eine Arbeit durch eine andere ersetzen – durchdringt die gesamte Serie »Sunday Routine« der *New York Times* über berühmte New Yorker und New Yorkerinnen. Laut dem Beitrag über ihn am 13. November 2011 spielt der Architekt Rafael Viñoly sonntags mehrere Stunden lang Klavier: »Mein Klavier ist meine einzige große Schwäche, denn es ist eine Notwendigkeit für mich. Die Zeit während des Klavierspiels ist die einzige, bei der ich völlig für mich und abgekoppelt von der normalen Welt sein kann, aber immer noch verbunden – mit meiner Musik.«

Der Starkoch Marcus Samuelsson spielt laut dem Beitrag über ihn am Wochenende mit anderen schwedischen Auswanderern in Chinatown Fußball: »Dabei geht es nicht so sehr um das Spiel an sich, sondern darum, sich mit seinen Freunden zu umgeben, die den gleichen Hintergrund haben wie man selbst. (...) Auf dem Feld ist alles erlaubt. Da kann man Dampf ablassen und auch Sachen sagen, die man in der Küche nicht mehr sagen darf.« Wenn kein Spiel ansteht, läuft Samuelsson im Central Park knapp zehn Kilometer. »Während ich laufe, denke ich über Essen nach«, gesteht er. Dabei muss vielleicht nicht erwähnt werden, dass man wohl beim Schwitzen an der frischen Luft andere Gedanken über Essen hat als in einer überfüllten Küche.

Diese andere Herangehensweise an das Denken ist der Grund, warum Dominique Schurman, CEO von Papyrus, einer Firma für Schreibwaren, Sport als »fast eine Grundvoraussetzung für den Job« beschreibt: »So kann ich Druck ablassen und meinen Kopf freipusten. Beim Sport habe ich viele Ideen.« Sie läuft lange und viel, schwimmt und arbeitet in ihrem Garten – eine körperliche Aktivität, die sie als »kreatives Ventil« bezeichnet: »Ich arbeite gerne an Sachen, die gut zusammenpassen.« Während sie also die Töpfe hin- und herbewegt, denkt sie über verschiedene Kombinationen von Farbe und Textur nach – nicht unähnlich der Arbeit, die sie unter der Woche von ihren Karten-Designern verlangt. »Da ich das unter der Woche während der Arbeit tue, genieße ich hier die haptische Dimension. Das entspannt mich.«

Natürlich liegt der Reiz an körperlicher Betätigung darin, dass man nicht auf die gleiche Art grübelt, wie man es am Arbeitsplatz tut. Bill McGowan, zweifach für seine Berichterstattung mit dem Emmy ausgezeichneter Fernsehkorrespondent, bezeichnet sich selbst als »großen Holzhacker«. Seine Frau und er zogen vor fünf Jahren auf ein eher zugewuchertes Grundstück am Hudson River in Westchester im Staat New York und ließen ein paar Bäume fällen: »Ich hacke diese großen Zylinder – ein halber bis ein Meter im Durchmesser – gerne zu Feuerholz klein.« Das sei nicht nur eine gute Sporteinheit, sondern auch eine »unglaubliche Zen-Erfahrung«, weil es ihn so ganz anders herausfordere als seine tagtägliche Arbeit.

Vorfreude

Auch wenn man das Klavierspielen, die Treffen mit Freunden für eine Runde Fußball und das Hacken von Holz spontan machen kann, hat Huckabee jedoch recht, dass sehr beschäftigte Menschen Termine vereinbaren müssen, um sich abzumelden – so wie sie auch Termine für den Arbeitsbeginn haben. Wenn man zum Beispiel einen Dreijährigen zu Hause hat und Holz hacken möchte, muss man sicherstellen, dass sich jemand anderes um das Kind kümmert, damit es sich nicht überlegt, »helfen« zu kommen. Das bedeutet also, dass man einen Plan für den Tag machen muss und diesen auch mit seinem Partner oder der Person, die das Kind betreut, besprechen muss, oder das Kind auch einfach vor dem Fernseher parken muss, damit es sich nicht auch nur in die Nähe der Axt begibt. Wenn Sie sich mit Freunden zum Fußball treffen, müssen alle wissen, wann sich die Gruppe wo trifft – auch wenn es bereits eine Tradition ist. Joan Blades, Mitbegründerin von MoveOn.org und MomsRising.org, spielt jeden Sonntag Fußball: »Das ist das Spiel, bei dem wir, also [mein Mann] Wes und ich, uns vor 30 Jahren kennengelernt haben«, so erzählte sie mir. »Manche der Spieler sind über 60 Jahre alt, andere sind noch Kinder. Das macht Spaß!« Dennoch ist es ein Spiel, das zu einer bestimmten Zeit an einem bestimmten Ort stattfindet. Wenn man stundenlang Klavier spielt, bedeutet das, dass man sich selbst gegenüber die Verpflichtung eingeht, in der Zeit nicht den ebenso beschäftigten Kunden anzurufen oder noch einmal über die endlosen Projektpläne zu schauen. Wenn man abends in ein schickes Restaurant gehen möchte, sollte man einen Tisch reservieren – und alle Eltern wissen, wie unmöglich es ist, samstags spontan noch einen Babysitter für den Abend aufzutreiben. Wenn man zum Gottesdienst möchte, muss man dafür früh genug aufstehen und sich anziehen. Wenn man keine Pläne für das Wochenende schmiedet, verfällt man schnell in die »Ich bin zu müde dafür«-Falle, die einen im Haus festhält und verhindert, dass man dort irgendetwas Sinnvolles tut – obwohl sinnvolle Tätigkeiten unsere Energiereserven aufladen.

Und das bringt mich zu der Erkenntnis über Wochenenden, gegen die sich viele Menschen sträuben: Ein gutes Wochenende braucht einen Plan. Keinen Minutentakt, auch keine detaillierte Tabelle, sondern ein paar Ankerpunkte, auf die man sich freut und die vorher festgelegt wurden. Tatsächlich haben Studien gezeigt: Wenn man diese Planung nicht macht, nimmt man sich damit die wichtigste Voraussetzung dafür, dass ein Wochenende Freude machen kann.

Daniel Gilbert, Psychologe an der Universität Harvard, spricht über dieses Phänomen in seinem Buch *Stumbling on Happiness*:[7] »Die größte Leistung unseres Gehirns ist die Fähigkeit, dass es sich Gegenstände und Ereignisse vorstellen kann, die in der Realität nicht existieren ... Der Frontallappen – der letzte Teil unseres Gehirns, der sich entwickelte, der langsamste Teil beim Aufwachsen und der erste Teil, der im Alter abbaut – ist eine Zeitmaschine, die es uns allen ermöglicht, die Gegenwart zu verlassen und die Zukunft zu erleben, bevor sie passiert.«

Diese Zeitreise in die Zukunft – auch bekannt als Vor-freude – trägt einen großen Anteil zur Zufriedenheit bei, die wir aus Ereignissen ziehen. Während Sie sich also auf etwas freuen, das demnächst passieren wird, erleben Sie ein wenig von der gleichen Freude wie in dem Moment selbst – mit dem großen Unterschied, dass sie viel länger währt. Denken Sie einmal über das weihnachtliche Ritual des Geschenkeauspa-ckens nach. Tatsächlich dauert es selten länger als eine Stun-de, aber die Vorfreude darauf, die Geschenke unter dem Baum liegen zu sehen, kann diesen Glücksmoment über Wochen verlängern. In einer Studie[8] von mehreren niederländischen Forschern, die im Magazin *Applied Research in Quality of Life* 2010 erschien, wurde festgestellt, dass Menschen, die Ur-laubsreisen unternehmen, glücklicher sind als Menschen, die die das nicht tun. Das an sich ist noch keine Überraschung, was aber überrascht, ist der Zeitpunkt der Glücksempfindung bei den Menschen. Diese kam nicht nach dem Urlaub, also nicht dann, wenn die Menschen noch vor lauter Erinnerun-gen strahlten. Diese wirkte nicht einmal so stark während der Reisen – wenn das Reiseglück sich mit dem Reisestress ver-mischte: Jetlag, Bauchweh und Schaffner, die man über die Lautsprecher nur halb verstand. Die Glücksempfindung kam vor der Reise, teilweise zog sie sich über bis zu zwei Mona-te hin, wenn die zukünftigen Reisenden sich ihre Ausflüge ausmalten. Die Vorstellung von Cocktails mit Schirmchen im Glas kann während einer verregneten Fahrt zur Arbeit die gleiche Welle von Glücksgefühlen auslösen wie ein kleiner Wochenendausflug.

Die Menschen wissen das unterbewusst. In einer Studie, die Gilbert erwähnt, wurde den Teilnehmern mitgeteilt, dass sie ein Abendessen in einem schicken französischen Restaurant gewonnen hätten. Als sie dann gefragt wurden, wann sie das gerne einlösen würden, wollten die wenigsten sofort zum Restaurant gehen, stattdessen wollten sie im Schnitt eine Woche warten – um die Vorfreude auf diesen Genuss auskosten zu können und somit möglichst viel davon zu haben. Das erlebende Selbst trifft selten auf völlige Glückseligkeit, aber das erwartende Selbst muss nie während des Konzerts der Lieblingsband auf Toilette und fröstelt nie von der zu niedrig eingestellten Klimaanlage während des zweiten Teils des Lieblingsfilms. Indem Sie sich ein paar Ankerpunkte am Wochenende einplanen, sorgen Sie bei sich selbst für (Vor-)Freude, die Sie auf jeden Fall genießen können, auch wenn später in dem eigentlichen Moment alles schiefläuft. Ich liebe Spontanität und nehme sie gerne an, wenn sie passiert, aber ich kann mein Vergnügen nicht einzig auf diese eine Karte setzen. Wenn Sie bis Samstagmorgen warten, um die Pläne für das Wochenende zu schmieden, werden Sie einen guten Teil Ihres Samstags auf diese Planung verschwenden – statt sich auf den Spaß zu freuen. Wenn Sie also das Wochenende ohne Pläne auf sich zukommen lassen, kann dies unter Umständen bedeuten, dass Sie nicht das tun können, was Sie wollen. Sie werden Energie in der Diskussion mit den anderen Familienmitgliedern verschwenden. Sie werden zu spät losfahren und das Museum erst eine Stunde vor Schließung erreichen. Ihr Lieblingsrestaurant wird bereits ausgebucht sein – und falls Sie doch, dem Himmel sei Dank, spontan einen Tisch bekommen sollten, stellen Sie sich einfach mal vor, wie viel mehr Sie die letzten Tage genossen hätten, wenn Sie gewusst hätten, dass Sie am Samstagabend diese gebratenen Jakobsmuscheln essen würden!

Ich bin eine Planerin, bei mir läuft das also alles intuitiv. Aber immer wenn ich ein oder zwei Tage vorher vorschlage, Pläne für das Wochenende zu schmieden, bekomme ich nur ein Murren zur Antwort. Erstens finden die wenigsten Menschen den Gedanken gut, die eigene Freizeit zu planen. Ich glaube, das liegt (primär) an einem Missverständnis darüber, wovon ich rede. Wie es eine Person auf meinem Blog formulierte: »Nicht alle wollen jede Stunde von jedem Tag im Jahr füllen.« Das möchte ich auch nicht. Das Leben wäre trostlos, wenn man die Zeiteinteilung der Arbeit – im 15-Minuten-Takt – auch am Wochenende beibehalten würde. Aber es gibt noch viel Spielraum zwischen einer Planung im Minutentakt und gar keiner Planung. Es gibt nicht nur das eine oder das andere. Stattdessen sind drei bis fünf Ankerpunkte, verteilt auf die 60 Stunden zwischen dem Freitagabendbier und dem Wecker am Montagmorgen, ein gutes Mittelding. Drei Sachen zu je drei Stunden sind neun Stunden von den 36 wachen Wochenendstunden. Danach bleiben noch genügend unverplante Stunden, um im Sessel sitzend das Whiskeyglas zu schwenken, wenn Sie keine drei kleinen Kinder haben sollten, oder um *Die Hinterhofzwerge* zu schauen, wenn Sie welche haben.

Zweitens glaube ich, dass viele eine tief sitzende Abneigung gegen das Wort »planen« haben, weil es sie an Dinge denken lässt, die sie *nicht* machen wollen. Aber ich schlage ja die Planung der Dinge vor, die Sie machen *wollen.* Ihr Auto zur Werkstatt zu bringen ist also kein Ankerpunkt – außer Sie sammeln Oldtimer und treffen sich samstagmorgens mit Freunden, um an selbigen herumzuschrauben. Ein Baseball-fan der Philadelphia Phillies wird eher seltener ausrufen: »Oh Mann, ich muss mir am Wochenende das Spiel anschauen – ich wünschte, ich könnte stattdessen einfach nichts machen.« *Das* ist ein Ankerpunkt. Menschen kommen nicht gut mit langfristigem Leiden zurecht. Wie einer meiner Leser schrieb: »Die Wochenenden sind kostbar, und man sollte sie im Sinne des Vergnügens pflegen.« Und wenn Sie schöne Dinge im Voraus planen, multiplizieren Sie Ihre Freude darüber.

WIE MAN EIN WOCHENENDE PLANT

Die Liste der 100 Träume

Vor diesem Hintergrund kommen wir jetzt zur spezifischeren Entscheidung, was am Wochenende gemacht wird. Vielleicht ist es dabei hilfreich, wenn Sie sich fragen: »Womit möchte ich mehr Zeit verbringen?«

Wir haben vielleicht eine vage Vorstellung davon, aber es ist effektiver, wenn man sich eine wirklich gute Liste erstellt. In meinem ersten Buch über Zeitmanagement, *168 Hours*, schlug ich meinen Lesern vor, eine sogenannte »Liste der 100 Träume« zu erstellen. Diese Übung, die mir Karrierecoach Caroline Ceniza-Levine verriet, regt dazu an, ein Brainstorming zu erstellen von allen Dingen, die man im Leben noch tun oder haben möchte. Wenn ich die Teilnehmer in meinen Workshops dazu auffordere, ist meist etwas wie »die ägyptischen Pyramiden ansehen« unter den ersten Vorschlägen. Wenn Sie allerdings bei Traum Nummer 100 angekommen sind, fallen Ihnen auch eher alltägliche Quellen der Freude ein, die tendenziell ziemlich gute Ankerpunkte am Wochenende darstellen. Es dürfte recht unwahrscheinlich sein, dass

Sie dieses Wochenende ein von Alain Ducasse persönlich für Sie zubereitetes Abendessen im Louvre auf dem Plan haben. Sie könnten allerdings die Kinder wie die Wilden mit sämtlichen Fahrgeschäften auf dem Jahrmarkt fahren lassen, während sich Mama und Papa irrsinnig große Milkshakes gönnen. Füllen Sie die Liste bis zum Rand mit machbaren Träumen. Sie könnten sie auch als Wunschliste von Aktivitäten sehen, für die Sie maximal zwei Stunden fahren müssen.

Einige Einträge meiner aktuellsten Liste der 100 Träume

- Den Radweg im Lehigh Gorge State Park in der Nähe von Jim Thorpe, Pennsylvania, abfahren
- Hummer essen an der Küste in der Nähe von Cape May, New Jersey
- Eine Runde über das Schlachtfeld um Valley Forge laufen (oder zusammen mit den Kindern mit den Rädern fahren)
- Im Philadelphia Museum of Art die Abendstunden am Freitag genießen
- In einem Restaurant essen, dessen Zagat-Rating über 23 liegt
- Direkt ums Haus eine 40-minütige Querfeldein-Laufrunde hinlegen
- Einem guten Chorkonzert lauschen
- Mit den Kindern Äpfel oder Erdbeeren ernten gehen
- Meinen Mann dazu bringen, mir ein Steak zu grillen
- Freunde zum sommerlichen Abendessen und Sprung in den Pool einladen

- Longwood Gardens an einem Frühjahrswochenende besuchen, wenn die Bäume wie Zuckerwatte aussehen

Was steht auf Ihrer Liste der 100 Träume?

Ankerpunkte setzen

Füllen Sie also Ihre Liste und bitten Sie sowohl Ihren Partner, Ihre Kinder oder mit wem auch immer Sie die Wochenenden verbringen, darum, eine solche Liste zu erstellen. Fügen Sie immer wieder Punkte hinzu. Falls Sie nicht weiterkommen, könnten Sie eine Runde in die Bibliothek fahren und dort die touristischen Highlights Ihrer Stadt nachschlagen. Sie dürfen die Liste auch gerne nach Bedarf anpassen – wenn Sie eine Aktivität ausprobiert haben und vielleicht feststellen, dass einmal Erdbeeren ernten für Ihr restliches Leben reicht, dann müssen Sie das nicht noch einmal machen. Stellen Sie sicher, dass Sie jederzeit auf die Liste zugreifen können, denn im Idealfall können Sie einfach Punkte von dieser Liste raussuchen, wenn Sie sich mit Ihren Wegbegleitern über das Wochenende austauschen. Sie können aber ebenso immer wieder neue Ideen hinzufügen und diese den verschiedenen Wochenendkategorien zuordnen:

- Freitagabend
- Samstag
- Samstagabend
- Sonntag
- Sonntagabend

Dieses Planungstreffen kann so spaßig sein, wie Sie möchten: Eine beruflich sehr eingespannte Frau erzählte mir, dass sie sich mit ihrem Mann immer freitagabends mit einem Bier in der Hand hinsetzt und das kommende Wochenende plant. Da geht es eher um das Zusammensitzen, das Austauschen (und das Biertrinken) als um eine tatsächliche Aufgabe.

Die Planung kann auch ganz locker formuliert sein. »Abendessen mit Joan und Bob an der Küste« reicht völlig aus – Sie können sich treffen, zusammen spazieren gehen, die Restaurants anschauen und sich spontan eins aussuchen, das Ihnen allen am meisten zusagt. Andrea Wilhelm, Expertin für Qualitätssicherung bei Epic, einem Unternehmen für Software im Gesundheitswesen, zog letztes Jahr nach Madison, Wisconsin, nachdem sie die Universität abgeschlossen hatte. Madison wird oft bei Rankings als eine der besten US-amerikanischen Städte für junge Leute eingestuft, daher versucht Andrea, die Stadt für sich so gut wie möglich zu nutzen: »Ich mag grobe Pläne, weil sie mir die Freiheit lassen, viele verschiedene Dinge zu machen.« Zudem möchte sie das Gefühl vermeiden, dass sie in dieser Stadt ihre Zeit nicht nutzt. »Falls bzw. wenn ich aus Madison wegziehe, möchte ich nicht zurückblicken und denken: ›Ach, Mensch, ich wünschte, das hätte ich mir angeschaut‹, oder: ›Ich habe es nie geschafft, das zu machen.‹« Freitagabends geht sie mit Freunden in verschiedene Restaurants oder Bars. Samstags – nachdem sie die Morgenstunden mit ihren Onlinekursen und den Nachmittag mit einem Volleyballspiel verbracht hat – besucht sie Veranstaltungen sowie Freizeit- und Unterhaltungsangebote überall in der Stadt. »Ich bin eher der Draußen-Typ, also sind die Sonntage perfekt, um meine Freunde für solche Sachen – also Wanderungen, Radtouren etc. – zusammenzutrommeln, die man eher in einer kleinen Gruppe macht.«

Auch Familienausflüge können als geplante Einträge funktionieren. Allein die Tatsache, dass man weiß, dass man mit den Kindern am Nachmittag das Haus verlassen wird, kann den Tag strukturieren. Laura Overdeck, Gründerin von Bedtime Math und eine der Treuhänderinnen des New Jersey's Liberty Science Center, macht viele solcher Ausflüge mit ihren drei Kindern: »Jedes Mal ist es ein wenig anders und meist eher spontan, je nach Laune«, erzählt sie. »Beispiele für Lieblingsorte sind das Liberty Science Center« – natürlich – »und im Herbst und Frühjahr, wenn wir bei gutem Wetter aufwachen, fahren wir zum Strand, um im Sand zu buddeln, oder gehen mit den Kindern zur Apfel- oder Beerenernte oder fahren die Großeltern besuchen, die zum Glück in der Nähe wohnen.«

Die drei bis fünf Ankerpunkte können alles Mögliche sein, aber die Forschung legt einige optimale Kombinationen nahe. Huckabees Wochenenden weisen Zeit sowohl auf dem Rad, in der Kirche als auch mit Freunden beim Abendessen auf – und es zeigt sich, dass eine solche Mischung das Glücksempfinden maximiert. Eine Studie unter arbeitstätigen Texanerinnen, die 2004 im Magazin *Science*[9] veröffentlicht wurde, zeichnete deren gefühlten Glücksgefühle im Laufe des Tages auf. Neben den offensichtlich angenehmen Aktivitäten wie essen, entspannen und Sex – die alle wunderbar ins Wochenende passen – fanden die Forscher heraus, dass die Frauen am glücklichsten waren, wenn sie Sport trieben, sich an spirituellen Aktivitäten beteiligten und sich mit anderen trafen. Warum sollte man sich also nicht vornehmen, wenigstens eine dieser drei Kategorien abzudecken? Sie können sie sogar kombinieren. Lorie Marrero, Gründerin des Unternehmens hinter der Clutter Diet, berichtet: »Etwas, was ich an Wochenenden gemacht habe, war, mir Zeit zu nehmen, um mich mit Freunden zum Spazierengehen zu treffen und durch die Gespräche den Kontakt zu pflegen.« Sie trifft sich sonntagmorgens mit einer Freundin an einem Wanderweg, und zusammen laufen sie dann ungefähr anderthalb Stunden: »Es ist Sport, es ist quatschen und es ist nicht das typische ›Lass uns mal zusammen Mittag essen oder Kaffee trinken‹. Ich muss dafür kein Make-up tragen, und es ist einfach sehr entspannend.«

Im Folgenden ein paar andere Beispiele für fantastische Wochenenden.

Wochenende Nr. 1

- Freitagabend: Spieleabend mit Freunden
- Samstag: Strandausflug mit der Familie
- Samstagabend: Abendessen mit der ganzen Familie in dem Restaurant in Strandnähe, das Sie schon lange ausprobieren wollten
- Sonntag: Gottesdienst
- Sonntagabend: Gemütlicher Spaziergang durch das Wohnviertel

Wochenende Nr. 2
- Freitagabend: Karaokebar mit Freunden
- Samstag: Freiwilligendienst in der Essensausgabe
- Samstagabend: Konzert im Park
- Sonntag: Große Laufrunde zum Wochenmarkt, mit dem Bus nach Hause fahren
- Sonntagabend: Yogakurs

Wochenende Nr. 3
- Freitagabend: Abendessen und Film schauen
- Samstag: Wanderung mit Freunden
- Samstagabend: Geburtstagsfeier
- Sonntag: Meditation
- Sonntagabend: Abendessen und auf dem Straßenfest tanzen gehen

Wochenende Nr. 4
- Freitagabend: Radtour und danach Eis essen
- Samstag: Picknick während des Fußballspiels
- Samstagabend: Kochen mit den Nachbarn
- Sonntag: Ausflug in den Zoo
- Sonntagabend: Mit der Familie zur Parkreinigung melden und zusammen Müll sammeln

Sechs Geheimnisse für erfolgreiche Wochenenden

Hier noch ein paar weitere Tipps, die Sie beim Pläneschmieden im Hinterkopf behalten sollten.

1. Tief im Gedächtnis graben. Nur weil Sie etwas seit Jahren nicht gemacht haben, heißt das nicht, dass es nicht auf Ihrer Liste der 100 Träume stehen kann. Vielleicht gibt es etwas, das Sie seit Ihrer Kindheit nicht mehr gemacht haben, das aber gut ein regelmäßiger Teil Ihrer Wochenenden werden könnte. Eine Leserin schrieb mir, dass ihr Mann und sie sich dafür entschieden hätten, samstagmorgens Klavierunterricht zu nehmen. Jetzt haben ihr Sohn und sie beide hintereinander Einzelunterricht. Es ist einfacher, das eigene Kind zum Üben zu bewegen, wenn die Eltern es auch machen. Manchmal machen wir uns so viele Gedanken über die Pläne unserer Kinder, dass wir die eigenen ganz aus den Augen verlieren.

2. Den Morgen nutzen. Die Morgenstunden am Wochenende werden meistens eher verschwendet, aber sie sind großartig, um persönliche Ziele zu verfolgen. Wenn Sie für einen Marathon trainieren, unterbricht es weniger Ihren familiären Ablauf, wenn Sie Ihren vierstündigen Lauf frühmorgens machen statt mitten am Tag. Um morgens früh aus dem Bett zu kommen, sollten Sie es also vermeiden, den Abend zuvor lange aufzubleiben – aber das ist ohnehin immer eine gute Idee.

3. Rituale etablieren. Glückliche Familien haben oft irgendeine besondere Wochenendaktivität, die alle lieben, die aber nicht jedes Mal eigens geplant werden muss. Vielleicht sind das Pfannkuchen am Samstagmorgen oder der gemeinsame Spaziergang zum Gottesdienst – was auch immer es ist: Machen Sie es zum Ritual. Diese Angewohnheiten werden letztlich zu Erinnerungen – und beruhigende Rituale steigern das Wohlbefinden.

4. Ruhezeiten einplanen. Die Familie von Jess Lahey, Lehrerin und Schriftstellerin in New Hampshire, hat am Wochenende nachmittags einen offiziellen Mittagsschlaf von 13 bis 15 Uhr eingeplant. Ihre Kinder – die zwischen neun und zwölf Jahre alt und somit keine Kleinkinder mehr sind, die Mittagsschlaf halten *müssen* – wissen, dass diese Einheit kommt, und heben sich ihre Bildschirmzeit dafür auf. Sie spielen dann zusammen, schauen einen Film oder lesen. Alle schalten ihre Handys aus. Lahey und ihr Mann gehen dann ins Schlafzimmer, machen die Tür hinter sich zu, lesen ein wenig und »tauchen dann in einen letztlich immer fabelhaften Schlaf ein. Dieser Tiefschlaf, der einen beim Aufwachen kurz desorientiert zurücklässt«, erzählt sie. »Sobald ich wieder begriffen habe, wo ich bin und welcher Tag gerade ist, springe ich mit vollen Akkus aus dem Bett und gehe Unkraut zupfen oder das Abendessen kochen.«

5. Zeit zum Entdecken berücksichtigen. Eine Joggingrunde, ein Spaziergang oder eine Radtour können zum Abenteuer werden, wenn Sie sich dafür die richtige Gegend aussuchen – da gibt es so viele Möglichkeiten für Spontanität, dass man gar nicht groß planen muss. Nutzen Sie die Wochenenden, um Ihre Routinen ein wenig auszureizen.

6. Etwas Schönes für Sonntagabend einplanen. Diese Idee könnte gut und gerne der wichtigste Tipp in diesem Buch sein. Selbst wenn Sie Ihren Job lieben, sind Sie vielleicht am Sonntag etwas angespannt vor dem Stress am nächsten Tag. Und wenn Sie Ihren Job nicht mögen, kann sich diese sonntägliche Angespanntheit schnell in Melancholie verwandeln, je weiter die Zeit des Wochenendes verstreicht. Sie fragen sich dann, was Sie mit Ihrem Leben eigentlich anstellen, ob es sich überhaupt lohnt.

Wenn Sie sich solch existenzielle Fragen stellen, könnte es an der Zeit sein, Ihr Leben zu überdenken. Aber in der Zwischenzeit – oder wenn Sie einfach nur der Gedanke an den morgendlichen Pendlerverkehr ermüdet – können Sie diese sonntägliche Trübsal wegblasen, indem Sie sich etwas Schönes für den Abend einplanen. Das verlängert das Wochenende und fokussiert Ihre Aufmerksamkeit auf das Schöne, das vor Ihnen liegt, statt auf den Montagmorgen.

Die Bibliothekarin Caitlin Andrews nennt es eine »Notwendigkeit«, den Sonntagabend mit einem Höhepunkt abzuschließen. Ihre gesamte Familie trifft sich daher jeden Sonntag zum gemeinsamen Abendessen – immer in einem anderen Haus. Sie erzählt: »Der jeweilige Gastgeberhaushalt ist für den Hauptgang zuständig, und alle anderen bringen etwas mit: eine Vorspeise, eine Flasche Wein, eine Beilage oder einen Nachtisch. Es ist ein wenig stressig, wenn ich für die Gäste kochen und putzen muss, aber ich verbringe damit nicht allzu viel Zeit, und mein Mann hilft. Außerdem bleibt immer, wenn wir kochen, so viel Essen übrig, dass wir die restliche Woche Resteessen machen können. Es sind nur ein paar Stunden – wir treffen uns gegen 17.30 Uhr und sind meist zwischen 20 und 21 Uhr wieder zu Hause.« Danach bleibt ihnen noch genügend Zeit, um wieder zur Ruhe zu kommen und die Woche zu planen, bevor sie ins Bett gehen – und sie freut sich jedes Wochenende aufs Neue auf diese Tradition. »Es lenkt mich von jeglichem Sonntagstrübsinn ab, der vielleicht daherkommen könnte.«

Aliza Rosen, Produzentin von Reality-TV-Sendungen, macht sonntagabends um 18 Uhr Yoga: »So kann ich wunderbar die Gifte der Woche rausschwitzen und mich für den Montag neu zentrieren. Ich drücke den Reset-Knopf bei mir selbst.« Sie gibt zu, dass Yoga für sie persönlich keine spirituelle Sache ist. »Ich erstelle eine Liste im Kopf«, erzählt sie. Aber es gibt ihr etwas, worauf sie sich freuen kann, während sie in Richtung des montäglichen Feuergefechts rutscht. Ein ähnlicher Gedanke könnte Ina Garten, die Köchin, die als Barefoot Contessa bekannt wurde, gekommen sein, als sie ihr Ritual der sonntäglichen 18-Uhr-Massage einführte. Laut dem Beitrag vom 1. Juli 2012 in der Kolumne »Sunday Routine« der *New York Times* über sie stammt diese 27 Jahre alte Tradition von einer Erkenntnis aus dem Jahr 1985, dass »ich hart arbeitete und mir eines Tages eingestand: ›Ich habe nicht genug Freude.‹ Also machte ich zwei Dinge: Ich kaufte mir ein rotes Mustang-Cabrio und ließ mich regelmäßig massieren. Den Mustang besitze ich nicht mehr, aber zu der Masseurin gehe ich immer noch.«

Ein ebenso guter Abschlusspunkt für das Wochenende sind ehrenamtliche Tätigkeiten. Nichts wird Sie mehr von Ihren Problemen um Ihre ordentlich bezahlte und reguläre Arbeit ablenken wie Menschen, die es weniger gut im Leben getroffen haben. Wer Erfahrung im Ehrenamt hat, weiß, dass es für die meisten einfacher ist, am Sonntagabend eine Schicht einzuschieben als an anderen Tagen. Jacob Lee leitet im kalifornischen Orange County die Ortsgruppe der Gemeinschaft orthodoxer Christen »United to Serve«. Jeden Sonntagabend servieren seine freiwilligen Helfer obdachlosen Familien in dem Motel, in dem sie leben, eine Mahlzeit wie im Restaurant. Sonntagabende seien »generell eher tot«, sagt Lee. »Am Samstagabend haben die Menschen etwas zu tun, aber am Sonntag ...?« Wunderbarerweise haben alle Zeit, daher entsteht dann eine viel buntere Gruppe an Freiwilligen als die Rentner und Hausfrauen/-männer unter der Woche. Nachdem die ehrenamtlichen Helfer das Essen serviert haben und sich Entspannung breitmacht, sitzen alle zusammen, erzählen sich etwas aus ihrem Leben und »erfahren, warum die Menschen dort gelandet sind, wo sie jetzt sind«. Auf diese Weise werden Beziehungen zu anderen Menschen hergestellt, bevor alle für eine Woche wieder ihrer Wege gehen.

Die Aufgaben minimieren

Auch wenn Sie sich drei bis fünf Ankerpunkte über das Wochenende verteilen, werden Sie feststellen, dass dies noch viel freie Zeit offenlässt. Was sollten Sie mit dieser also anstellen? Sie können sich natürlich entspannen oder spontan etwas machen. Sie können mit Ihren Kindern spielen oder im Gras liegen. Aber was ist mit den Aufgaben? Was ist mit dem Haushalt, den Einkäufen und mit den liegen gebliebenen Sachen aus dem Büro? Erfolgreiche Menschen wissen, dass die besten Wochenenden aus Aktivitäten, die wir gerne tun, und einer minimalen Menge von allem anderen bestehen. In diesem Abschnitt schauen wir uns an, wie man mit den drei Hauptgründen für Wochenendstress umgehen kann: Haushalt, Aktivitäten der Kinder und die Arbeit, die einem nach Hause gefolgt ist.

Aufgaben im Haushalt komprimieren

Wenn Sie viele Stunden im Büro verbringen oder unter der Woche viel reisen müssen, wirken die Wochenenden wie die perfekte Zeit, um beim Haushalt aufzuholen. Aber ich bin mir nicht sicher, ob das gut ist und ob diese Aufgaben wirklich Ihre Wochenendgestaltung stark bestimmen sollten.

Der Hauptgrund dafür ist die Tatsache, dass Haushaltstätigkeiten sich gerne aufblähen und immer genau so viel Zeit einnehmen, wie man ihnen einräumt. Nehmen wir das Beispiel Einkauf von Lebensmitteln und Haushaltswaren: Manches davon, wie Windeln, kann man schlecht durch etwas anderes ersetzen, anderes aber schon. Wenn Sie zum Supermarkt fahren, sobald Ihr Schrank eher leer aussieht, werden Sie das übliche Frühstücksmüsli kaufen. Aber was ist, wenn Sie nicht gehen? Dann essen Sie vielleicht endlich die Familienpackung Milchbrötchen, die in Ihrem Gefrierschrank auf Sie wartet. Die Chancen stehen gut, dass Sie nicht verhungern werden. Selbstverständlich muss man irgendwann einkaufen gehen, aber ein abendlicher Einkauf unter der Woche kann sich zeitlich lohnen. Oder wenn Sie in der Nähe einer großen Stadt leben, können Sie sich Ihre Lebensmittel auch einfach liefern lassen, während Sie in Ihrer langweiligen Telefonkonferenz stecken. So verlieren Sie keine kostbare Zeit am Wochenende.

Das Gleiche gilt für die Wäsche. Wir waschen alle meist wöchentlich, aber haben genügend Kleidung im Schrank, um mehr Zeit zwischen den Waschgängen verstreichen zu lassen oder auch mal etwas ein zweites Mal zu tragen. Zum Thema Hausputz wurden schon ganze Traktate über die Dehnbarkeit von Putzstandards geschrieben. Sie können die Toilette einmal die Woche putzen und Ihre Küche, wenn sie schrecklich aussieht – oder Sie können sämtliche Bodenleisten im Haus entstauben. Das hängt ganz von den eigenen Präferenzen ab (oder dem Budget für eine Putzkraft). Wenn Sie unter der Woche den Haushalt machen statt am Wochenende, verbringen Sie insgesamt vielleicht weniger Zeit damit – weil Sie weniger Zeit haben. Die Zeit, die Sie nicht für den Haushalt aufwenden, kann für sinnvollere Tätigkeiten genutzt werden. Im Haushalt sind die Aufgaben selten schwarz oder weiß, aber ich glaube, wenn Sie die Wahl haben zwischen einer Radtour mit Ihren Kindern oder einem Tag auf dem Dachboden, dann dürfte Ersteres die bessere Wahl sein. Geistige Erbauung ist wichtiger als kochen und putzen – etwas, das bereits Jesus

Maria und Martha im Evangelium erklärte. Seinen Teenager nach einem aufwühlenden Abend in der Disco zu trösten ist wichtiger als das dreckige Geschirr im Becken.

Ich kann natürlich verstehen, dass es sich für manche Menschen wie ein Erfolg anfühlt, wenn sie den Montag mit leeren Wäschetonnen und sauberen Böden zu Hause starten – so wie es ein leerer Posteingang am Ende des Arbeitstags auch tut. Manche haben mir auch schon berichtet, dass sie einfach nicht entspannen können, wenn sie wissen, dass es zu Hause unordentlich ist! Das Wichtigste beim Thema Hausarbeit am Wochenende ist letztlich, dass man sich nicht so sehr auf leicht erkennbare und messbare Ziele konzentriert (wie etwa alles von der Einkaufsliste zu streichen), dass man darüber die wertvollsten Punkte im Leben vergisst: Beziehungen pflegen, die Karriere voranbringen und sich um sich selbst zu kümmern.

Ein Weg, um das zu schaffen? Nur ein kleines Zeitfenster für die Hausarbeit festlegen. Vielleicht ist das die Wartezeit am Samstagabend, bis der Babysitter da ist, oder der Freitagabend direkt nach dem Abendessen, bevor man zusammen einen Film schaut. Wann auch immer Sie es letztlich machen: Wenn Sie außerhalb dieses Zeitfensters auf den dreckigen Boden schauen, erinnern Sie sich selbst daran, dass es dafür einen bestimmten Zeitpunkt gibt – und dieser nicht jetzt gerade ist. Indem Sie sich ein kleines Zeitfenster definieren, werden Sie zudem motivierter sein, die Aufgaben schnell zu erledigen, damit Sie danach wieder schöne Dinge machen können.

Die Aktivitäten der Kinder überdenken

Ein weiteres weitverbreitetes Übel am Wochenende, das einen vermeintlich tyrannisiert, ist der volle Kalender der Kinder. Eltern beschweren sich darüber, dass sie ihre Wochenenden gerne sinnvoll nutzen würden, aber dass stattdessen die gesamte Zeit für den Hobbysport der Kinder draufgeht.

Oft sagen die objektiven Zahlen aber etwas anderes. Ein Wochenende, an dem ein Kind ein vierstündiges Baseballspiel hat und ein anderes das vierstündige Schwimmtraining, klingt vielleicht voll, aber diese acht Stunden sind weniger als ein Viertel der wachen Zeit (36 Stunden) während des 60-stündigen Wochenendes. Ich glaube, diese Spiele und Trainings wirken nur viel massiver, weil sie zu einem bestimmten Zeitpunkt stattfinden und eine Verpflichtung gegenüber anderen bedeuten. Das ist das gleiche Phänomen wie eine Telefonkonferenz, die wichtiger und größer erscheint als die eine Stunde, die man über eine Geschäftsidee nachgedacht hat – auch wenn Letzteres in Ihrem Leben objektiv betrachtet eine höhere Priorität besitzt. Bei Workshops empfehle ich den Teilnehmern immer, Stunden in ihrem Zeitplan für ihre höchsten Arbeitsprioritäten, wie strategische Überlegungen oder kreative Arbeit, einzubauen, damit diese als gleichwertige Verpflichtungen neben beispielsweise den Telefonkonferenzen stehen, mit denen wir zu viel Zeit verbringen. Das Gleiche gilt auch für die Freizeit. Tragen Sie sich nicht nur das vierstündige Baseballspiel in den Kalender, sondern auch: »Ich werde um 8 Uhr zehn Kilometer am Flussufer laufen gehen.« Das erinnert Sie daran, dass ein Wochenende auch noch aus anderen Dingen als den Sportaktivitäten der Kinder besteht, und – als Sahnehäubchen – Sachen, die im Kalender stehen, werden auch eher ausgeführt.

Sie können auch das Beste aus den Aktivitäten Ihrer Kinder machen. Verwandeln Sie die Spiele zu Familienausflügen. Füllen Sie den Picknickkorb und lernen Sie die anderen Familien vor Ort besser kennen, um sich später mit ihnen zu verabreden. Das ist einer der Gründe, weshalb ich kein Problem mit den Geburtstagsfeiern der unter Achtjährigen habe. So gesehen sind sie eine Möglichkeit, um Beziehungen zu pflegen, während jemand anderes die Kinder bespaßt. Sie können sich dann mit den anderen Eltern die Fahrten zu den Trainings einteilen, diese Trainings nutzen, um Zeit mit jeweils einem Ihrer anderen Kinder zu verbringen, wenn Sie mehrere haben, oder Sie sitzen einfach währenddessen in Ihrem Auto und lesen oder denken über das Leben nach. Kirsten Bischoff, Mitgründerin des Online-Plan-Services HATCHED-it.com, erzählt: »Ich lese die komplette *Sunday Times*«, während ihre Tochter Tennis spielt. »Ich hätte sonst das Gefühl, ich verschwende unfassbar viel Zeit als Chauffeurin. Aber so nutze ich trotzdem am Wochenende noch meinen Kopf.«

Auch wenn die Zeitungen immer wieder eine übermäßige Verplanung der Kinder proklamieren, zeigt die Forschung doch, dass es ein kleineres kulturelles Phänomen ist, als die Menschen annehmen. Das Durchschnittskind verbringt viel mehr Zeit vor diversen Bildschirmen als beim Sport, mit Hobbys, kirchlichen Aktivitäten oder Hausaufgaben. Nur die wenigsten Kinder sind parallel für verschiedene Aktivitäten angemeldet – und sollte sich Ihr Wochenende doch so anfühlen, als wäre dies der Fall, ist das ein lösbares Problem. Reduzieren Sie die Aktivitäten auf die, die Ihre Kinder und Sie selbst am meisten genießen. Wenn es darum geht, die eigene Freizeit am besten zu nutzen, dann bringen Tiefe und Fokus weitaus mehr Freude als eine ganze Salve an Aktivitäten, von denen man nichts wirklich gut kann.

(Technik-)Sabbat halten

Zum Thema Arbeit, die in die Wochenenden hineinwuchert, komme ich immer wieder auf das Konzept des Sabbat zurück – ein heiliger Tag der Ruhe. In der berühmten Bibelgeschichte schuf Gott die Welt in sechs Tagen und ruhte am siebten Tag. Er befahl den Israeliten unter Mose, sich »an den Sabbat zu erinnern und ihn heilig zu halten«. Große Teile der Bücher der Gesetze erklären, was man am Sabbat tun darf und was nicht, und das sind die Punkte, nach denen orthodoxe Juden oftmals landläufig definiert werden: das Verbot von Arbeit und – für viele – Auto fahren, der Nutzung von elektrischen Geräten etc. vom Sonnenuntergang am Freitag bis zum Sonnenuntergang am Samstag.

Die Christen haben die Regeln des jüdischen Sabbats meist als Gesetz angesehen. Nachdem sich die Pharisäer darüber beklagten, dass die Jünger Jesu am heiligen Tag Getreide geerntet hatten, erklärte ihnen Jesus in Markus 2,27: »Der

Sabbat ist für den Menschen gemacht und nicht der Mensch für den Sabbat.«

Aber unsere Abneigung gegen diese Gesetze mag zum Teil auf unseren Komfort zurückzuführen sein. Viele der verbotenen Dinge, wie Auto fahren und einkaufen, sind nicht schlimm. Vergleichen Sie das mit der Sichtweise auf die Welt in Exodus 23,12, wo die Regel besagt: »Am siebten Tag arbeite nicht, damit dein Rind und dein Esel sich ausruhen und der in deinem Haushalt geborene Sklave und auch der Fremde sich erfrischen können.« Stellen Sie sich das harte Sklavenleben vor – und bedenken Sie, wie wichtig es war, dass die Mächtigen daran glaubten, dass Gott sie dafür richten würde, wenn sie ihre eigenen Sklaven ohne Pause arbeiten ließen.

Das ist eine Haltung, die manche in fordernden Jobs heute wieder zu schätzen wüssten – man muss schließlich nicht gläubig sein, um den Vorteil mindestens eines arbeitsfreien Tages in der Woche erkennen zu können. Vielleicht ist der Sabbat wirklich für den Menschen gemacht – und der Mensch braucht tatsächlich Zeit, um sich zu erholen. Der Autor Joshua Foer erzählte Gretchen Rubin auf ihrem *Happiness Project*-Blog von einem seiner Glücksgeheimnisse: »Ich halte inzwischen den jüdischen Sabbat ein, was ich als 18-Jähriger nie getan habe. 25 Stunden in der Woche schalte ich alles aus. Keine Mails, kein Telefon. Ich stelle nichts her, ich mache nichts kaputt. Egal, wie viel Stress ich im Leben habe – der Stress löst sich am Freitagabend in Luft auf.«

Rinna Sak lebt in Toronto und ist Partnerin in einer großen Buchhaltungsfirma. Sie ist orthodoxe Jüdin und hält den

Sabbat ein: »In meinem Arbeitsbereich ist es ziemlich normal, dass man in der stressigen Phase sieben Tage pro Woche arbeitet.« Das dauert dann zwei oder drei Monate. Als sie »frisch von der Uni kam, war das schwierig, zum Chef zu gehen und zu sagen: ›Ich kann samstags nicht arbeiten.‹ Das war eine schwierige Angelegenheit«. Aber der Knackpunkt war – so wie auch die wandernden Israeliten nicht verhungerten, obwohl am siebten Tag kein Manna vom Himmel fiel: »Ich schaffte deswegen nicht weniger als die anderen. Ganz im Gegenteil, ich erledigte sogar mehr als meine Kollegen.« Sie zählte immer als eine der Besten und wurde zur Partnerin, obwohl sie weitaus weniger Arbeitsstunden anhäufte als die anderen. Sie schreibt diesen Erfolg ihrer reduzierten Stundenanzahl zu: »Ich wusste, dass ich um 16.30 Uhr am Freitag gehen würde. Ich blödelte nicht nur herum. Es gab immer welche, die ihre Zeit verplemperten, aber ich wusste einfach, dass ich Aufgaben erledigen musste, und war daher hoch konzentriert. Andere Menschen können das so gar nicht aufrechterhalten – sieben Tage pro Woche und zwölf Stunden am Tag geht das einfach nicht.« Das ist auch der Grund, warum sie, als sie sich nach oben arbeitete, dies als Regel etablierte: »Alle bekamen am Wochenende einen Tag frei.« So haben ihre Teams »immer auf einem ziemlich optimalen Niveau gearbeitet. Sie hatten Zeit, sich zu entspannen«.

Eine gewisse Zeit nicht am Computer, Handy oder mit Arbeitsstress zu verbringen, schafft Raum für anderes im Leben. Saks Sabbats ähneln eher dem Crosstraining, das ich weiter vorne bereits angesprochen habe. Es gibt Sabbatgottesdienste und Treffen mit Freunden zum Essen. Eltern haben nie wirklich frei, wenn es um die Kinder geht – und Sak hat drei kleine Kinder, was dementsprechend bedeutet, dass der Tag der Entspannung »nicht wirklich entspannend ist«. Aber der Vorteil am Sabbat ist, dass die Kinder diesen freien Tag, den Mama hat, nicht zurückgezogen in ihren Zimmern mit Videospielen verbringen können. Aufgrund der 24-stündigen Technikpause müssen sie die Zeit miteinander verbringen: »Es zwingt einen dazu, eine andere Art der Beziehung mit seinem Partner, seinen Freunden und Kindern aufzubauen.« Würde man ihr die freie Wahl lassen, würde sie eventuell rund um die Uhr arbeiten, und auch wenn sie die Frage »Kümmert es Gott wirklich, wenn ich mein BlackBerry benutze?« mit »Wahrscheinlich nicht« beantworten würde, ist die Realität doch, dass ihr dies »an diesem Tag ein bestimmtes Umfeld aufzwingt«. Und diese Pause macht es erst möglich, eine erfolgreiche Karriere und eine große Familie zu haben.

Auch wenn Sie kein Arbeitsverbot von einer Religion vorgeschrieben bekommen, sollten Sie doch versuchen, sich eine Zeit am Wochenende festzulegen, in der Sie nicht auf Ihre Geräte schauen. Viele erfolgreiche Menschen arbeiten am Wochenende, aber es hat mich erstaunt, wie viele in den Interviews angaben, dass sie versuchten, dies einzugrenzen. Harsh Patel, der zwei Jahre lang für Teach For America an der PFC Omar E. Torres Charter School in Chicago arbeitete, erzählte mir: »Wenn ich freitags von der Arbeit nach Hause kam, wollte ich nichts mehr machen, also machte ich auch nichts. Aber ich verschwendete den Samstagmorgen im Bett und fing irgendwann an, früh aufzustehen und die ausstehende Arbeit abzuschließen, sodass ich am Abend und den gesamten Sonntag völlig sorgenfrei machen konnte, was ich wollte.« Das hielt ihn »davon ab, verrückt zu werden und stattdessen die zwei Jahre Unterricht auch durchzuhalten«.

Der Fernsehkorrespondent Bill McGowan erklärt: »Ich versuche, nicht alle 90 Minuten am Wochenende meine Mails zu checken.« Stattdessen – wie Patel – steht er am Samstag früh auf, um noch ein paar Punkte abzuarbeiten. Er kocht Kaffee für sich und seine Frau: »Ich habe diesen unfassbar schönen Platz auf unserer Veranda. Dorthin nehme ich meinen Kaffee und meinen Laptop mit und – das ist dann gegen 7.30 oder 8 Uhr – setze mich einfach dran, um meinen Posteingang in den Griff zu bekommen.« Da diese Zeit nicht so zerstückelt ist, »glaube ich, dass ich etwas kreativer über neue Unternehmensideen nachdenken kann, die ich verfolgen möchte«. Dieser 90-minütige Arbeitssprint wird durch die Aussicht zudem noch versüßt: »Ich schaue von meinem Bildschirm hoch und sehe einen Specht.« Es weht eine leichte Brise, und »ich versuche, diesen Moment so entspannend, friedlich, beschaulich wie möglich zu gestalten«. Er weiß, dass »es dieses bohrendende und nagende Gefühl verschwinden lässt, das mich sonst das ganze Wochenende verfolgen wird«, wenn er in einem schnellen Sprint die liegen gebliebene Arbeit erledigt. (Nebenbei bemerkt: Er speichert viele der geschriebenen Mails als Entwürfe ab, damit die Absender nicht im Laufe des Tages noch antworten und wiederum eine erneute Antwort erwarten: »Ich möchte nicht den Eindruck verstärken, dass ich an sieben Tagen der Woche arbeite.« Die Mails verschickt er dann am Montagmorgen.)

Wie auch mit der Hausarbeit werden Sie am Wochenende besser entspannen können, wenn Sie die Arbeit in ein kleines Zeitfenster einplanen und somit wissen, dass es eine Zeit zum Arbeiten gibt – und diese Zeit jetzt gerade nicht ist. Die restliche Zeit können Sie dann in Ihren eigenen Sabbat gehen – ohne die Ablenkungen durch das Internet entdecken Sie dann vielleicht, dass die Ideen nur so auf Sie einstürzen. Mir ist einmal aufgefallen, dass mir unfassbar viele gute Ideen in der Kirche kommen. Ich gehe nicht dorthin, um zu brainstormen, aber wir haben in unserer Welt voller Ablenkungen so wenige Möglichkeiten, einfach nur dazusitzen und ruhig zu sein. Die größte Herausforderung beim Ausschalten? In unserem jetzigen Handyzeitalter haben diese Geräte den Posteingang gleich integriert. Sie stecken also vielleicht Ihr Handy ein, damit Ihr Teenager Sie anrufen kann, wenn Sie sie bei deren Freundin abholen sollen, aber sobald Sie das Handy in der Hand halten, können Sie sehen, ob Sie neue Mails oder Nachrichten bekommen haben. Es ist so verführerisch, mal nur schnell nachzuschauen, was darin steht – und schon ist der Bann gebrochen. Eine fixe Lösung? Entfernen Sie das Symbol für den Posteingang von Ihrem Startbildschirm, wenn Sie bei sich bemerken, dass der Geist zwar willig, aber das Fleisch schwach ist.

Die kommende Woche erobern

Im Abschnitt über die Wochenendplanung ging es darum, sich etwas Schönes oder Sinnvolles für den Sonntagabend einzuplanen. Dies verlängert das Wochenende und fokussiert Sie somit auf etwas Schönes, anstatt dass Sie sich vom Gedanken an den Montagmorgen stressen lassen.

Aber nachdem Sie Freunde für ein frühes Abendessen zu Besuch hatten, bei Jacob Lee im Motel in Orange County ausgeholfen haben oder sich haben massieren lassen wie die Barefoot Contessa, müssen Sie nur noch eines tun: diesen fantastischen Wochenendstatus irgendwie aufrechterhalten. Schinden Sie ein paar Minuten für die Planung der kommenden Woche heraus. Planen Sie dabei nicht nur alles ein, was Sie tun *müssen*, sondern auch die Sachen, die Sie tun *wollen*. Der leider inzwischen verstorbene Stephen Covey nannte dies in *The 7 Habits of Highly Effective People*[10] »das Wichtigste zuerst«. Er schlägt dabei eine Übung vor, bei der man über seine eigenen Rollen nachdenken solle, die einem wichtig seien. Ich bin Schriftstellerin, Ehefrau, Mutter, Läuferin, Freundin und ehrenamtlich tätig als Vorstandsvorsitzende des Young New Yorkers' Chorus. Falls Ihre Liste irgendwann zu sehr ausufert, können Sie sie in Kategorien einteilen: Karriere, Beziehungen und Selbst (was Sport, Hobbys und alles umfasst, was Ihrer Seele guttut). Überlegen Sie sich dann Ihre zwei oder drei obersten Prioritäten in jedem Bereich, die Sie gerne im Laufe der nächsten 168 Stunden abdecken würden. Tragen Sie diese als Allererstes in Ihren Kalender ein. Dabei dürfte Ihnen etwas auffallen: Erstens bleibt

Ihnen bei einer 168-Stunden-Woche auch nach dem Eintragen von sechs bis neun Prioritäten immer noch viel freier Platz für alles andere, aber, zweitens, werden Sie eine absolut fabelhafte Woche haben, wenn Sie diese Punkte schaffen. Frank Baxter, ehemaliger CEO der Investmentbank Jefferies und ehemaliger Botschafter von Uruguay, durchläuft Coveys Übung aus »das Wichtigste zuerst« fast jede Woche und beschreibt es als »unbezahlbar«. Sonntags setzt er sich hin, betrachtet seinen Kalender, um »den kommenden Zeitraum zu priorisieren und noch Raum zu lassen, um auch mit Unvorhergesehenem flexibel umgehen zu können«.

Dominique Schurman, CEO von Papyrus, bezeichnet ihre Sonntagnachmittage auch als »meine Planungszeit, um mich für die kommende Woche zu sortieren und zu organisieren«. Sobald die Woche einmal losgegangen ist, »stürzen die Dinge nur so auf mich ein«, also muss sie ihre höchsten Prioritäten im Blick haben und einen Schlachtplan erstellen, mit dem sie diese Sachen dann auch erreichen kann: »Ansonsten wird meine Zeit schlicht von den Bedürfnissen der anderen um mich herum aufgefressen.«

Was sollten Ihre Prioritäten sein? Natürlich alles, was Sie mögen, aber ich habe für mich herausgefunden, dass mir wöchentliche Ziele helfen, meine Jahresziele zu erreichen – die Sachen, die man in einem Endjahresbericht erwähnen würde, oder eben in diesem furchtbaren Literaturgenre, das sich Familienweihnachtsbrief nennt. Sie könnten diesen im Januar schon für Dezember schreiben. Was möchten Sie am Ende des Jahres in Ihren Lebenskategorien erreicht haben? Was möchten Sie in Bezug auf Ihre Karriere, Ihre Beziehungen und für sich selbst erreicht haben? Brechen Sie diese Ziele dann auf kleinere Zwischenstufen herunter und versuchen Sie wiederum, jeweils eine davon in Ihrem wöchentlichen Plan einzubauen.

Diese Planung sollte man bereits am Sonntag machen, denn wenn man am Montag morgens ohne Plan aufwacht und diesen dann erst im Laufe des Tages erstellt, verliert man dabei leicht den ganzen Tag. Sie verbrauchen sinnlos Willenskraft mit Entscheidungen, anstatt mit der Arbeit zu starten, bevor Ihre Konzentration wieder schwindet. Ich habe für mich herausgefunden, dass mir eine Liste meiner Prioritäten für die kommende Woche hilft, das Wochenende mit einem Gefühl des Zielbewusstseins zu beenden und so auch in die neue Woche zu starten. Ich strampele mich nicht einfach nur ab – und wenn doch, dann strampele ich wenigstens nach vorne.

Es gibt nicht mehr

Im täglichen Alltagsstress kann man schnell das Gefühl bekommen, dass es immer wieder ein nächstes Wochenende geben wird, aber wie alles andere auch ist Zeit endlich. Wenn Sie 80 Jahre alt werden, haben Sie insgesamt 4160 Wochenenden hinter sich. Es gibt sicherlich mindestens genauso viele Dinge, die Sie in Ihrem Leben gerne tun oder erleben würden. Manche dieser Punkte müssen auf einen Urlaub warten, aber es ist schwierig, all Ihre Wünsche und Abenteuer in zwei bis drei Wochen im Jahr zu stopfen. Während wir also oftmals mit einem Gefühl der Überforderung in die Wochenenden gehen, führt der Impuls, nichts zu tun, dazu – wie mir eine Leserin berichtete –, dass wir gefühlt unser eigenes Leben verpassen.

Daran musste ich denken, als ich auf eine Artikelreihe zum Thema »Weihnachten vereinfachen« stieß. Die Experten und Unternehmen beschworen ein Narrativ herauf, in dem wir uns alle so überarbeitet und ausgenutzt fühlten, dass wir diese Feiertage auf ihr Nötigstes reduzieren sollten. Entspannen Sie sich. Atmen Sie tief durch. Sie müssen nicht backen, Partys organisieren oder die Schleife auf dem Geschenkestapel unter dem hoffentlich minimalistischen Baum drapieren.

Als ich mir die Ideen durchlas, verstand ich plötzlich, warum eine gewisse Reduzierung nichts Schlechtes wäre. Natürlich ist es sinnlos, die Feiertage mit Dingen zu füllen, die Sie nicht glücklich machen, oder mit teuren Sachen, die niemand möchte.

Aber falls Sie kleine Kinder haben, werden Sie schnell verstehen, dass es nicht allzu viele Weihnachten geben wird, in denen die Kinder zum Weihnachtsbaum stürmen, um sich auf die Geschenke zu stürzen. Sie werden nicht immer ganz wild darauf sein, zusammen mit Ihnen zu backen und vor lauter Überschwang das Mehl über die gesamte Arbeitsfläche zu verteilen. Irgendwann wird es ihnen egal sein, wenn Sie keinen riesigen Baum aufstellen, keine Weihnachtslieder singen und keine heiße Schokolade kochen. Sie werden Ihnen erlauben, mal nicht beim Schneemann mitzubauen, weil Sie müde sind. Aber es gibt nur wenige von diesen Wintern – und jeweils nur ein paar Tage, in denen Schnee liegt und alle zusammen zu Hause sind –, in denen Ihre Kinder Sie darum bitten, einen Schneemann mit ihnen zu bauen. Eines Tages werden Sie vielleicht aus dem kahlen Zimmer eines Krankenhauses oder Pflegeheims durchs Fenster auf den Schnee blicken und sich an die Tage zurückerinnern, in denen Sie mit Ihren Kindern einen Schneemann gebaut haben. Diese Erkenntnis führt zu einer anderen Frage als der, wie man sich die Feiertage so leicht wie möglich macht: Wofür sparen Sie sich all diese Energie denn auf? Das hier ist es, und mehr gibt es nicht. Es kann alles passieren, und Ihnen ist kein weiterer Schneemann garantiert. Also machen Sie einen Riesenterz um die Feiertage. Hauen Sie auf die Pauke. Verschleudern Sie Ihre ganze Energie dafür, und zwar jetzt.

Das Gleiche gilt für Wochenenden, die kleine Variante der Feiertage, die wir so sehr optimieren wollen. Es ist immer einfacher, »nichts« (also irgendetwas Sinnloses) zu tun und nur die Dinge zu tun, die wir tun müssen. Machen Sie sich frei von den Zeitplänen der Arbeit und Schule, nach denen wir uns sonst richten. Wir denken selten darüber nach, was wir mit unserer Zeit wirklich gerne tun würden, und leben so mit angezogener Handbremse.

Aber wir können uns auch anders entscheiden. Ich schreibe diese Zeilen direkt nach dem »Labor Day«-Wochenende – an einem regnerischen, trüben Dienstag, mit einem Garten voller wuchernder Pflanzen, deren Blätter sich an den Rändern bereits gelb färben. Der September bringt eine Melancholie darüber mit sich, dass die Zeit vergeht – mein ältestes Kind kommt jetzt in den Kindergarten, das Dreijährige in die Vorschule und sogar das Baby verwandelt sich von Tag zu Tag mehr in ein kleines Mädchen, das lacht und seine ersten tapsigen Gehversuche macht. In den Fotos vom letzten Labor Day war sie nur ein runder Bauch, aber inzwischen haben wir den süßen Knirps kennengelernt, der einmal in dieser Rundung verborgen war.

Ich hatte für das »Labor Day«-Wochenende nichts Besonderes geplant, aber es wäre eine wahre Schande gewesen, nicht noch das letzte bisschen aus diesem Sommer herauszuholen. Also machten wir einen Ausflug an die Küste und in die Berge – durch Ocean City, Maryland, mit seinen Riesenrädern und Margaritas, dann durch die Schlachtfelder von Manassas in Virginia, und als letzte Etappe zum Shenandoah National Park. Während wir den Skyline Drive entlangfuhren, hielten wir überall an, wo wir bis zu drei Kilometer lange Wanderungen mit den Kindern machen konnten. Sie liebten das Klettern über die Felsen auf einem Berg mit Aussicht auf die grünen Felder unten, die Heuballen und die Umrisse der anderen Berge, deren Gipfel sich in Wolken hüllten.

Es ist immer eine Herausforderung, mit kleinen Kindern zu reisen. Es gibt Höhen und Tiefen – innerhalb eines Tages, meist sogar derselben Stunde. Im Rückblick wird das erlebende Selbst, das 40 Minuten lang versucht hat, das Baby in der Tragetasche zum Schlafen zu bringen, durch das erinnernde Selbst ersetzt. Und dieses erinnernde Selbst verwandelt diese Tage, die unproduktiv und leicht zu vergessen hätten sein können, in Erinnerungen, die sich im Gehirn festsetzen. Diese

Erinnerungen helfen dem Gehirn dabei, durch die Werktage zu kommen. Sie sind dazu da, die Seele in den kommenden Jahren zu stärken, wenn der Stress der Gegenwart von einem ruhigen Leben abgelöst wurde – so ruhig wie Freizeitparks außerhalb der Saison, wenn die Attraktionen für Kinder zusammengepackt wurden, der Labor Day verstrichen und der Strand verwaist ist.

Die erfolgreichsten Menschen sind sich beim Thema Wochenenden bewusst, dass das Leben nicht nur in der Zukunft passieren kann. Es kann nicht auf den einen Tag irgendwann warten, wenn wir weniger müde und weniger beschäftigt sind. Wenn Sie viel arbeiten, dann sind die Wochenenden der Schlüssel zu dem Gefühl, dass Sie mehr als nur Ihr Arbeits-Ich sind – auch wenn (und wahrscheinlich auch *weil*) dieses Ich so wichtig für Sie ist. Der Marathonläufer weiß, dass die Ruhetage und Crosstrainingstage das Training fördern. Ebenso muss der Kopf neue Wege gehen, muss sich überwinden und ein ängstliches Kind dazu bringen, im Schwimmbecken Blasen zu blubbern, damit es dann ein Geschäft geschickter aushandeln kann. Wenn Sie all Ihre Willenskraft zusammennehmen, um mit dem Rad das letzte Stück den Berg hochzufahren, bauen Sie die Disziplin auf, um besonnen einen Raum voller Schüler zu unterrichten oder in den letzten Minuten Ihrer langen Schicht einen Patienten zu beruhigen. Indem man das Wochenende als etwas Wertvolles und anderes innerhalb der verfügbaren 168 Wochenstunden behandelt, kann man die eigenen Akkus aufladen, um am nächsten Montag wieder startbereit zu sein.

WAS DIE ERFOLGREICHSTEN MENSCHEN BEI DER ARBEIT TUN

Das Geheimnis erstaunlicher Produktivität

Mitten auf dem Land außerhalb von Bordeaux in Frankreich könnten alle, die in einer bestimmten Nacht Anfang Januar 2013 dort spazieren gingen, etwas Komisches gesehen haben: eine schwarzhaarige Frau in einem beleuchteten Atelier, die Tuschezeichnungen von der Tundra in Alaska zerkratzte.

Um das Haus herum war die Szenerie beschaulich, drinnen war es deutlich lauter. Die Künstlerin LeUyen Pham malt und zeichnet am liebsten, wenn der Fernseher oder das Radio läuft – »irgendetwas muss die rechte Hemisphäre meines Gehirns beschäftigen«, erklärt sie. »Wenn ich zu viel nachdenke, sehen meine Bilder schrecklich aus. Dann sehen sie zu durchdacht aus.« Nachmittags sieht ihr Medienkonsum *Seinfeld* oder *Mad Men* vor. Nachts ist es oft das National Public Radio, das ihr dank moderner Technologie in ihr vorübergehendes Zuhause im ländlichen Frankreich übertragen wird, in das sie im Sommer 2012 mit ihrem Mann und ihren zwei Söhnen, fünf und zwei Jahre alt, gezogen ist. An diesem besonderen Abend ließ sie zwei iPads gleichzeitig laufen: eins spielte einen Film ab, das andere war an, damit sie »manche Dinge im letzten Moment nachschauen kann – wie ein bestimmter Stoff aussieht oder ein Elchhintern«.

Diese Authentizität ist wichtig für Phams Porträts eines fiktiven Mädchens namens Bo, das in den 1920ern in einem Minenarbeiter-Dorf am Yukon aufwuchs. Hunderte Fotos von dem Ort hängen an Phams Atelierwänden, seit sie den Auftrag zur Illustration eines Kinderbuchs, *Bo at Ballard Creek* von Kirkpatrick Hill, angenommen hatte. Das Buch sollte im Juni 2013 erscheinen, dementsprechend musste sie sich ranhalten, um die Deadline einzuhalten: »An einem Tag ohne Deadlines arbeite ich am effektivsten morgens zwischen 9 und 11 Uhr, dann kann ich mich am besten auf meine Arbeit konzentrieren.« An Tagen mit einer Deadline ist jedoch »meine beste Zeit gegen 23 Uhr. Da gibt es einfach keinerlei Ablenkungen. Man ist fast schon an den Schreibtisch gekettet«. Sie hält kurz inne. »Das hat etwas unglaublich Schönes an sich.«

Pham war so bezaubert von dem Buch, das ein wenig an *Unsere kleine Farm* erinnert, aber weit im Norden Amerikas spielt, dass sie Dutzende Illustrationen mehr vorlegte, obwohl sie nur für eine Illustration pro Kapitel engagiert worden war (»Es ist so eine großartige Geschichte«, schwärmt sie). Der Verlag wollte sie alle. Und daher verbrachte sie im Januar Nacht um Nacht an ihrem Schreibtisch mit Spätschichten und ihre Bilder gaben ihr die Energie dafür. In solchen Zeiten »bin ich im Himmel. Ich vergesse dann die Zeit. Merke nicht, dass ich müde bin« – bis sie ein Gähnen im Morgengrauen eines Besseren belehrt.

Ob sie nun müde wird oder nicht, Phams Zeitplan klingt anstrengend. Seit sie ihre Laufbahn bei DreamWorks begann und sich dann vor zehn Jahren selbstständig machte, hat sie sich zu einer der erfolgreichsten Kinderbuchillustratorinnen der USA gemausert. Heutzutage zaubert sie acht oder neun Bücher im Jahr auf den Markt, inklusive Pappbilderbücher (wie *Whose Toes Are Those?* von Jabari Asim), Bilderbücher (wie die *Freckleface Strawberry*-Bücher der Schauspielerin Julianne Moore) und Geschichtenbücher wie *Bo at Ballard Creek*. »Ich weiß, dass das wahnsinnig viel ist, und ich kenne nicht viele Illustratoren, die so viel arbeiten«, erzählt sie. Wenn man bedenkt, dass ein 32-seitiges Kinderbuch am Ende aus 32 vollständig ausgearbeiteten Bildern in Museumsqualität bestehen kann, wären vier oder fünf Bücher im Jahr normalerweise bereits ein gut gefülltes Auftragsbuch bei den meisten Illustratoren. »Ich arbeite an mehreren Projekten parallel«, sagt sie. »Immer.«

Trotzdem schafft sie es, ihrem hohen Anspruch zu genügen. Ihr Geheimnis? Erstens geht sie sorgsam mit ihrer Zeit um: »Ich tracke meine Arbeitszeiten.« Sie kontrolliert ihre Arbeit, um zu sehen, »wie viel ich in einer halben oder in einer Stunde produziert habe – von der halben Stunde zu mehreren Stunden zu Tagen zu Wochen«. Sie setzt sich für all diese Zeiteinheiten Ziele, wie beispielsweise das Ende einer Folge *Seinfeld* (22 Minuten plus Werbung) als Deadline, um das Bild fertigzustellen.

Dieses detaillierte Wissen über ihre Zeit bedeutet, dass sie schnell einen normalen Arbeitstag beschreiben kann. Sie steht gegen 6 Uhr auf, arbeitet an sogenannten Abrissen, die ihr bei der Planung dessen helfen, was sie als Nächstes malt oder zeichnet. Zudem geht sie ihre administrativen Aufgaben an, wie Mails mit den Verlagen etc. Gegen 7.30 Uhr stehen dann ihre Jungs auf, also spielt sie mit ihnen und hilft ihrem Mann dabei, sie für die Schule fertig zu machen. Um 8.30 Uhr geht sie wieder an die Arbeit, denkt nach und plant – solange sie noch fit ist. Ab etwa 10 Uhr geht sie dann über zur Ausarbeitung ihrer Abrisse, von nun an laufen *Seinfeld* und ähnliche Sendungen bis 16 oder 17 Uhr im Hintergrund. Zu diesem Zeitpunkt versucht sie bei Bedarf, ihre Ansprechpartner an der US-amerikanischen Ostküste zu erreichen. In der Zwischenzeit sind ihre Kinder wieder nach Hause gekommen und sie kümmert sich um sie, spielt mit ihnen und sie essen gemeinsam zu Abend. Sie liest ihnen vor dem Schlafengehen eine Gutenachtgeschichte vor – manchmal eine selbst geschriebene, aber sie nutzt diese Gelegenheit auch, um die Konkurrenz in Augenschein zu nehmen. Danach geht es an die dritte Schicht. Jetzt, wo die idyllische Aussicht der Landschaft um Bordeaux auf ein schwarzes Nichts reduziert wurde, produziert sie ihre Kunst fast schon instinktiv: »Es ist wie beim Autofahren, wenn man eine Strecke fährt, die man schon so oft gefahren ist, dass man sie fast blind fahren könnte.«

Diese Fähigkeit, ihren Instinkt heraufzubeschwören, ist natürlich auch von ihren anderen Geheimnissen ihrer erstaunlichen Produktivität abhängig. Sie nimmt sich die Zeit, um ihr Handwerk kontinuierlich zu verbessern. Das ist etwas, das sie ihrer Aussage nach »bei jedem einzelnen Projekt, das ich annehme, mit bedenke. Ich habe so viele verschiedene Stile, und das möchte ich auch beibehalten. Als ich in diesem Bereich anfing, sagte man mir, ich solle mich auf einen Stil konzentrieren, für den ich dann bekannt werden könnte. Das würde mir mehr Arbeit einbringen. Aber ich fand daran keine Freude. Es ist einfach langweilig, immer auf die gleiche Weise zu malen. Klar, man wird bei diesem einen Stil immer besser, aber man hat ihn dann irgendwann unfassbar satt.« In der Tat »rieten mir andere Künstler damals davon ab«. Jeder Malstil kann irgendwann aus der Mode geraten, aber wenn man flexibel und lernbereit bleibt, kann man sich jeden neuen Stil aneignen: »Es ist viel Arbeit, aber es ist auch, als würde man sich für jedes Buch neu erfinden.«

Sie hat dabei gelernt, fast schon auf Knopfdruck kreativ zu sein – auch wenn sie müde ist oder von Familienangelegenheiten unterbrochen wird –, indem sie sich bestimmte Taktiken, die ihr Gehirn ankurbeln, angewöhnt hat. Sie bleibt kontinuierlich auf dem Laufenden darüber, was andere Künstler gerade machen; sie recherchiert für jedes Projekt Dinge wie Elchhintern und Stoffe aus Alaska, sodass die Ästhetik der Welt, die sie darstellt, ihr Unterbewusstsein flutet. Wenn dies einmal nicht funktionieren sollte, hat sie noch weitere Tricks in ihren Farbeimern. Während sie im Dezember 2012 ihr Buch *There's No Such Thing As Little* überarbeitete, hatte sie plötzlich eine solche Arbeitsblockade, dass sie diese nur langsam mithilfe von selbst gemachtem Weihnachtsschmuck abbauen konnte: »Wir hatten vergessen, Weihnachtsschmuck einzupacken, als wir nach Frankreich zogen«, also kurbelte sie ihre kreative Seite an, indem sie Weihnachtsschmuck in Form von 40 sorgfältig gestalteten Nadelzapfen-Elfen, Kork-Weihnachtsmännern und Kork-Engeln entwarf. Sie malte ein Gesicht auf eine Haselnuss, klebte schwarzen Filz daran und erschuf so einen Vampir. »Ich war wirklich überrascht darüber, wie gut der Baum aussah«, erzählt Pham. Das Buch wurde auch gedruckt, und da sie vor Kurzem den Auftrag für eine Illustration der zwölf Weihnachtstage bekommen hat, kann sie nun auf diese Arbeit zurückgreifen, um Ideen für weihnachtliche Motive zu bekommen.

Irgendwie wirkt es bei Pham, als nutze sie ihre Zeit immer für viele Dinge gleichzeitig. Sie eignet sich ständig neue Möglichkeiten für Illustrationen an, indem sie alles in sich aufsaugt, was um sie herum passiert. Selbst ein Besuch eines Cafés in der Nähe kann zu Kunst werden, wie bei ihrem Buch *The Boy Who Loved Math*, das im Sommer 2013 auf den Markt kam. Es ist ein Kinderbuch über den legendär produktiven Mathematiker Paul Erdős. Als sie das Manuskript das erste Mal in den Händen hielt, sagte sie: »Sie sind bei der falschen Illustratorin gelandet.« Aber – vielleicht von Erdős' immensem Output angestachelt – sie stürzte sich darauf, alles über den Mann und seine Mathematik herauszufinden. Dabei wurde sie ganz von der Idee angetan, seine wunderschönen mathematischen Beweise in den Illustrationen zu benutzen. Eine seiner Vermutungen hatte damit zu tun, wie viele Quadrate unterschiedlicher Größe in ein größeres Quadrat passten; auf einer Seite zeigt der Text, dass Paul seinen Platz in der Welt nicht finden konnte, dass er anders war als alle anderen. Pham malte Menschen, die in einem Café saßen, und alle besetzten ein unterschiedlich großes Quadrat – nur Erdős saß in einem Pentagon. Die Quadrate und Formen waren seine Idee, aber das Café war Phams Erfindung, basierend auf ihren Spaziergängen in Frankreich. »Alles, was gerade um mich herum ist, findet seinen Weg in meine Arbeit.«

Was Phams Arbeitsplan erst ermöglicht, ist die Tatsache, dass sie nur Arbeit wie *Bo at Ballard Creek* oder *The Boy Who Loved Math* annimmt – Arbeit, die sie herausfordert und es ihr gestattet, die Freude am kontinuierlichen Fortschritt zu einem für sie wichtigen Ziel hin zu finden. Ich fragte sie daraufhin, ob sie die Geschichten danach aussucht, weil sie sich die Kinder und deren Freude dabei vorstellen kann, und sie lacht: »Ich würde gerne behaupten, das wäre es, aber mein erster Anreiz ist immer, dass ich selbst wirklich Lust auf dieses Projekt habe. In der Konsequenz würde ich dann vielleicht davon ausgehen, dass die Kinder es auch mögen, weil ich eine sehr kindliche Denkweise habe – und meine Kinder mögen die gleichen Geschichten und Ideen wie ich«, aber letztlich sucht sie sich einfach Arbeit aus, auf die sie wirklich Lust hat. Das macht ihren fast schon an ein Wunder grenzenden Output möglich – und der steigert sich mit den Jahren sogar noch. Pham erzählt, dass viele ihrer Freunde so etwas wie Identitätskrisen gehabt hätten, nachdem sie Kinder bekommen hatten, und nun ins Grübeln gekommen seien, ob ihre Arbeit die kostbare Zeit wirklich wert ist. Sie aber nahm, statt bei der Arbeit zurückzustecken, noch mehr Projekte an, obwohl sie viele Stunden mit ihren Kindern verbringt. »Mich interessiert der Arbeitsumfang eigentlich gar nicht, solange ich mir sicher bin, dass es am Ende gut aussehen wird.«

* * *

Ich habe schon viele Menschen über ihre Jobs und ihre täglichen Zeitpläne interviewt, aber Pham sogar mehrmals. Mir macht es immer wieder Spaß, mich mit ihr zu unterhalten, einerseits weil ihre Arbeit für einen Bücherwurm wie mich so faszinierend ist, aber andererseits auch, weil sie sowohl den für Erfolg nötigen Aufwand sieht als auch die Freude erlebt, die Arbeit bringen kann. Diese Kombination ist selten. In meinem Kopf dreht sich immer alles, wenn wir miteinander telefoniert haben. Natürlich verdienen nur die wenigsten Menschen ihren Lebensunterhalt damit, Mathematiker oder Mädchen während des Goldrauschs in Alaska zu zeichnen, daher gehe ich davon aus, dass Ihr Arbeitsalltag ein wenig anders aussieht als der von Pham. Es liegt in der Natur der Sache, dass Illustratoren von Kinderbüchern anders arbeiten als Krankenpfleger, Landwirte, Lehrer, Schalterbeamte, Vizepräsidenten von Unternehmen oder jeder andere in irgendeinem Beruf, der sich inmitten der sieben Milliarden Menschen auf dieser Welt finden lässt – eine Tatsache, die viele

Wälzer über die Produktivität in Unternehmen außer Acht lassen. Nichtsdestotrotz müssen wir uns alle der Wahrheit stellen, dass jedes Leben aus einzelnen Stunden besteht. Was Sie erreichen werden, hängt davon ab, wie Sie diese Stunden verbringen. Die bewusste Art und Weise, wie Pham mit ihren Stunden umgeht – und damit auch mit ihrem Leben – kann man deshalb auch auf jedes andere Leben übertragen.

Viele von uns könnten diese Hilfe gut gebrauchen. Wir haben alle – wie mit Geld – die Tendenz, Zeit sinnlos zu vergeuden, als hätten wir unendlich viel davon. Bei den einen liegt das daran, dass ihre Stunden in den »Allen antworten«-Schlund im Posteingang gesogen werden. Andere erkennen vielleicht, dass die Kundin, die in ihrem Laden nicht das bekommen hat, was sie wirklich wollte, wohl nicht wiederkommen wird. Ein Zahnarzt erkennt, dass die Patientin seine halbherzige Rede über die Nutzung von Zahnseide nicht verinnerlicht hat, und weiß somit, dass diese Patientin schon bald die nächsten Füllungen und einen weiteren lustlosen Vortrag zu dem Thema bekommen wird. Wir ertappen uns dabei, dass wir die Minuten zählen und uns an einen anderen Ort wünschen. Diese Stunden verrinnen, unwiederbringlich, ohne viel Verheißung, je zu etwas Bedeutendem zu werden. Sie vergehen und sind für immer vorbei, wie das Zahlen der Säumnisgebühr für die Handyrechnung oder der Kauf eines Pullovers, den man dann nie tragen wird.

Aber mit der Zeit ist es wie mit dem Geld: Menschen, die sich Reichtum aufbauen, nehmen einen Teil dessen, was hereinkommt, und investieren ihn so, dass er Zinsen bringt.

Erfolgreiche Menschen wissen, dass Stunden – wie Kapital – bewusst eingesetzt werden können, um mit der Zeit Reichtum zu generieren – in Form einer veränderten Welt, eines Lebenswerks. Erfolgreiche Menschen wissen auch, dass Arbeitsstunden noch sorgfältiger verwaltet werden müssen als Kapital, weil Zeit eine absolut begrenzte Ressource ist. Sie können immer noch mehr Geld verdienen, aber die nicht einmal Mächtigsten von uns bekommen mehr als 168 Stunden pro Woche zugeteilt – und es ist unmöglich, sie komplett durchzuarbeiten.

Wenn Sie aber bestimmte Entscheidungen bei Ihrer Arbeit treffen, wenn Sie sich einige gute Gewohnheiten aneignen und Ihre Zeit investieren, statt sie zu verschwenden, dann können Sie mit Ihrer Zeit mehr schaffen als bisher. Pham beschreibt es als eine Art magisches Denken: »Ich weiß nicht, wie ich so viel in der mir zur Verfügung stehenden Zeit produzieren kann. Mein Mann sagt dazu, ›Du hast ein sorgfältig ausgefeiltes Gefühl des Selbstbetrugs‹, was wahr ist.« Aber es ist dabei unwichtig, wie selbstbetrügerisch die Deadlines sind – sie sagt augenzwinkernd, dass sie auch über ein Projekt nachdenken würde, bei dem sie 100 Illustrationen in dreieinhalb Tagen produzieren müsste, wenn es ihr angeboten würde –, »zwischen 23 und 2 Uhr, wenn ich gerade einen Lauf habe und voller Inspiration bin, und es sprudelt nur so aus mir heraus, dann weiß ich nicht einmal, wie man Zeit misst. Dann läuft es einfach nur so durch, und es fühlt sich richtig, richtig gut an«.

Wie bekommt man es hin, dass sich harte Arbeit gut anfühlt? Wie kann man die Stunden damit verbringen, eine ungeheure Menge bestmögliche Arbeit zu leisten? Wie kann man seine Zeit so investieren, dass dann die daraus entstehende Arbeit ausdrückt, was Sie erreichen wollten, und damit zu viel mehr wird, als was Sie allein vollbringen können? Wie kann man die Freude erleben, dass das, was man tut, wirklich wichtig ist?

Das sind schwierige Fragen – eventuell sogar deprimierende Fragen, wenn Sie sich immer wieder in Meetings wiederfinden, die viel mehr Zeit fressen, als sie Nutzen bringen. Die gute Nachricht ist: Es gibt viele Methoden, seine Zeit sorgfältiger zu verwalten. Auch wenn Sie denken, dass Sie jede Kontrolle über Ihre Zeit verloren haben, und wenn es Sie beutelt, dass die Wirtschaft anscheinend jede Kreativität im Keim erstickt, dann können Sie doch einen Blick in Ihren Kalender werfen und die Möglichkeiten erkennen, die in den Minuten stecken, anstatt sie nur als Teilchen in einer durchlaufenden Sanduhr zu sehen. Das Geheimnis von Produktivität in erstaunlichem Ausmaß liegt in einer Handvoll täglicher Gewohnheiten, die – wie Pham und andere erfolgreiche Menschen herausgefunden haben – die Macht haben, die Arbeitsstunden noch effektiver zu machen. »Ich kann es einfach nicht glauben, dass ich so unfassbar viel Glück hatte, in dieser Situation zu sein«, sagt Pham. »Meine Kinder können sehen, dass ich meine Arbeit liebe.«

Disziplin Nr. 1: Achten Sie auf Ihre Stunden

Ich stieß zuerst auf das Thema Zeit, nicht weil ich mich mit Zeitmanagement beschäftigen wollte, sondern weil mich die wissenschaftliche Auseinandersetzung mit der Nutzung von Zeit interessierte. Ich durchsuchte die Daten der American Time Use Survey[11], die jährlich vom Bureau of Labor Statistics durchgeführt werden, und die von anderen Zeiterfassungsprojekten. Dabei kam ich auf das unausweichliche Ergebnis, dass die Denkweise darüber, wie wir unsere Zeit nutzen, nur wenig mit der Realität übereinstimmt. Wir überschätzen die Zeit, die wir mit Hausarbeit verbringen, aber unterschätzen unsere Schlafenszeit. Wir schreiben ganze Traktate über glorreiche vergangene Zeiten, die es so aber nie gab; amerikanische Frauen zum Beispiel verbringen heutzutage mehr Zeit mit ihren Kindern, als es ihre Großmütter in den 1950er- und 1960er-Jahren getan haben.

Diese spannenden blinden Flecken findet man auch in der Arbeitswelt. Diejenigen, die pro Stunde bezahlt werden, wissen, wie viele Stunden sie arbeiten, während diejenigen, die außertariflich angestellt sind, nur eine grobe Idee davon haben. Generell gilt aber: Je höher die angegebene Stundenzahl ist, desto wahrscheinlicher hat sich die Person verschätzt. Eine Studie im *Monthly Labor Review* von Juni 2011 verglich die geschätzten Arbeitswochen mit den Zeiterfassungen und stellte fest, dass die Menschen, die behaupteten, ihre »normale« Arbeitswoche habe mehr als 75 Arbeitsstunden, durchschnittlich um 25 Stunden danebenlagen. Dreimal dürfen Sie raten, in welche Richtung. Diejenigen, die behaupteten, ihre »normale« Arbeitswoche habe 65 bis 74 Stunden, lagen um knapp 20 Stunden daneben. Diejenigen, die behaupteten, 55 bis 65 Stunden pro Woche zu arbeiten, hatten sich immer noch um circa zehn Stunden verschätzt. Wenn man diese Fehler also abzieht, stellt man fest, dass die meisten Menschen weniger als 60 Stunden pro Woche arbeiteten. Viele Fachkräfte in sogenannten extremen Jobs arbeiten ungefähr 45 bis 55 Stunden pro Woche – diese Zahlen kann ich auch aus meinen jahrelangen Begutachtungen von Zeitprotokollen bestätigen. Ich habe Vorträge in Unternehmen gehalten, die für ihre ausbeuterischen Arbeitszeiten bekannt waren, und bat Aufsteiger, ihre Zeiten für mich festzuhalten. Im Schnitt lagen deren Wochenstunden bei 60 – und das in konzentrierten, stressigen Wochen ohne halbe Tage, Urlaubstage oder Zahnarzttermine, und vor allem ging es hier um Wochen, über die sie freiwillig mit Kollegen sprechen würden. Unsere Welt wird vom Wettbewerb beherrscht, und die Prahlerei mit den eigenen Arbeitsstunden hat sich als Beweis etabliert, wie sehr man sich für seinen Job engagiert.

Das wäre an sich lustig – wenn Zahlen nicht auch Konsequenzen hätten. Wenn man denkt, dass man 80 Stunden pro Woche arbeitet, trifft man andere Entscheidungen, um diese Stunden zu optimieren, als wenn man von 55 Stunden ausgeht. Das ist auch der Grund, weshalb Pham ihre Stunden so penibel verfolgt, und auch der Grund, weshalb Menschen, die ihre Stunden besser nutzen wollen, erst einmal herausfinden müssen, wie sie diese bis dato nutzen. Wenn Sie jemals versucht haben abzunehmen, wissen Sie, dass Ihnen Ernährungsberater ein Essenstagebuch empfehlen – weil bewiesen wurde, dass das hilft. In einer Studie zu einem einjährigen Abnehmprogramm, die im *Journal of the Academy of Nutrition and Dietetics* im Jahr 2012 veröffentlicht wurde, wurde festgestellt, dass Frauen, die ein solches Tagebuch führten, im Schnitt drei Kilo mehr abnahmen als diejenigen, die es nicht taten. Indem man sich aufschreibt, was man isst, macht man sich selbst haftbar dafür, was man sich in den Mund schiebt. Genauso funktioniert es auch, wenn man seine Zeiten protokolliert – ob man sie nun bewusst nutzt oder unbewusst verstreichen lässt.

Es gibt viele Apps, die Ihnen dabei helfen können, ein Zeitprotokoll zu führen, oder Sie laden sich eine einfach zu nutzende Tabelle von meiner Webseite herunter.[12] Ich bin da sogar noch analoger und schreibe meine Stunden in einen Spiralblock. Falls Sie noch niemals zuvor Ihre Zeiten protokolliert haben, empfehle ich Ihnen, dies eine ganze Woche lang durchzuhalten und sich selbst als Anwalt zu sehen, der für die verschiedenen Projekte unterschiedliche Abrechnungen machen muss. Wie viel Zeit stecken Sie in Mails? Ins Nachdenken? Planen? Reisen oder Pendeln? In Meetings? In die inhaltliche Arbeit, für die Sie eigentlich angestellt wurden?

Rechnen Sie die Stunden zusammen und schauen Sie sich die Summen genau an. Sind diese akzeptabel? Womit verbringen Sie zu viel oder zu wenig Zeit? Vielleicht ist die wichtigste Erkenntnis aus diesem Experiment für Sie auch einfach, wie lange welche Aktivität braucht. Wenn ich einen geschriebenen Blogpost hochladen will, brauche ich eine halbe Stunde, um ihn mit den Links und Fotos zu versehen – das ist eine wichtige Info, wenn ich versuche, diesen Post noch zwischen dem Ende des Telefonats um 11.45 Uhr und dem Mittagessen mit den Kindern um 12 Uhr fertigzustellen. Menschen, die etwas oft machen, bekommen dafür ein gutes Zeitgefühl und haben dementsprechend auch ein besseres Verständnis dafür, was sie in den 2000 bis 3000 jährlichen Arbeitsstunden einer 40-bis-60-Stunden-Woche erreichen können. Bei Pham ist das eine bestimmte Anzahl an *Seinfeld*-Folgen, die sie für ein Bild braucht. In einem Artikel über Connie Brown, eine Künstlerin, die sich auf personalisierte Landkarten spezialisiert hat, schrieb das *Wall Street Journal* im Oktober 2012, dass sie für eine Landkarte mehr als 200 Stunden brauche, weshalb sie nur zwölf Stück im Jahr produziere. Selbst wenn man dann noch die administrative Arbeit hinzurechnet, ist sie noch innerhalb der 2000-bis-3000-Stunden-Marge. Ein weniger erfahrener Künstler würde eventuell versuchen, 50 solcher Projekte im Jahr zu schaffen, aber da das dann 10 000 Stunden bräuchte, das Jahr aber nur 8760 Stunden (ein Schaltjahr 8784) hat, kann das schon rein rechnerisch nicht funktionieren.

Sie müssen nicht bis an Ihr Lebensende Ihre Minuten protokollieren, aber wenn Sie es ein paar Tage lang durchhalten, werden Sie achtsamer mit Ihrer Zeit umgehen – eine Achtsamkeit, nach der die Mönche strebten, wenn sie ihre Stundengebete abhielten. Diese Achtsamkeit allein kann schon zu produktiveren Entscheidungen führen. Eine sehr beschäftigte Ärztin, die für mich ein Zeitprotokoll geführt hatte, zeigte dieses danach dem Klinikdirektor, um für eine administrative Aushilfe für sich zu argumentieren, damit sie mehr Zeit mit ihren Patienten verbringen konnte. Nachdem ich mit den Jahren viele meiner Wochen protokolliert habe, schlage ich keine Telefonate vor 11 Uhr mehr vor, wenn ich die Wahl habe. Das liegt schlicht daran, dass ich weiß, dass ich in den Morgenstunden am besten Ideen formulieren kann.

Sie sind vielleicht frustriert, wenn Sie dabei entdecken, dass Sie Ihre Zeit nicht so gut nutzen, wie Sie dachten, aber es ist nun einmal unumstößlich, dass Zeit keine erneuerbare Ressource ist – wenn sie weg ist, ist sie weg. Daher ist es sinnlos, darüber zu klagen, wie viel Zeit man in der Vergangenheit verschwendet hat. Aber man kann viel gewinnen, wenn man sich selbst zu einer Änderung in den nächsten 2000 bis 3000 Arbeitsstunden verpflichtet, die man jährlich als unbeschriebenes Blatt gewährt bekommt.

Disziplin Nr. 2: Planen

Sobald Sie wissen, wie viele Arbeitsstunden Ihnen zur Verfügung stehen, ist der nächste Schritt zur Veränderung in Ihrem Berufsleben herauszufinden, wie Sie diese nutzen wollen. Lehrer bekommen per Vertrag meist eine gewisse Zeitspanne zugesprochen, in der sie ihre Unterrichtsziele und Stunden planen können, die aber getrennt von ihrer »eigentlichen«

Zeit mit den Schülern ist. Das funktioniert nicht immer, aber wenn man diese definierte Zeit hat, wird eine Arbeitskultur erschaffen, die es ermöglicht, über etwas nachzudenken, bevor man es tut. Erica Woolway, Akademische Leiterin der Uncommon Schools und Co-Autorin von *Practice Perfect: 42 Rules for Getting Better at Getting Better*[3], hat sich effektive Lehrer genauer angeschaut und herausgefunden, dass sie »wirklich detaillierte Unterrichtspläne erstellten, in denen sie sich auch Fragen aufschrieben, die sie den Schülern stellen würden. Diese Art Planung unterscheidet einen guten Lehrer von einem durchschnittlichen«.

Aber wann haben Sie sich das letzte Mal eine Planungsphase gewährt? Wenn ich meine Zuhörer dazu befrage, womit sie gerne mehr Zeit verbringen würden, landen Planung und Nachdenken immer ganz vorne auf der Liste. Die Menschen beklagen sich darüber, dass sie gerne mehr Zeit für Strategien hätten, aber sie seien einfach zu beschäftigt! Das wirkt auf mich immer ein wenig rückwärtsgewandt. Sie hoffen ja schließlich auch, dass die Person, die Ihr Haus baut, nicht so beschäftigt mit dem Hammer und der Säge ist, dass keine Zeit für die Baupläne bleibt. Ebenso bauen sich erfolgreiche Menschen – die wie wir alle auch nur 168 Stunden pro Woche zur Verfügung haben – eben die Planung in ihr Leben mit ein. Phams Abrisse helfen ihr und ihren Herausgebern dabei, die Reihenfolge der Panels zu sortieren und sich darauf zu einigen, was in welchem Panel dargestellt werden soll. Es ergibt keinen Sinn, an 32 aufeinander folgende Bilder heranzugehen, ohne sich vorher Gedanken darüber zu machen, was sie beinhalten sollen. Es wäre eine furchtbare Zeitverschwendung, wenn man ein Bild anfängt, nur um währenddessen festzustellen, dass die Wolke auf der linken Seite des Mondes viel besser gewirkt hätte.

Planung ist der halbe Kampf – und das gilt auch für den unternehmerischen Kontext. Das Executive Time Use Project[14] der London School of Economics and Political Science ließ die Assistenten der Geschäftsführung von börsennotierten Unternehmen in diversen Ländern protokollieren, wie die CEOs ihre Zeit nutzten. Erste Analysen von CEOs in Indien zeigten, dass die Verkäufe der Firmen anstiegen, je mehr Stunden der CEO arbeitete. Aber noch verblüffender war, dass der Zusammenhang zwischen dem Zeitaufwand des CEOs und dem Output ausschließlich von den Stunden bestimmt wurde, die für die Planung genutzt wurden. Planung bedeutet an dieser Stelle nicht, dass die Stunden in Meetings abgesessen werden – auch wenn die Meetings mit den Angestellten im Zusammenhang mit höheren Verkäufen standen. Es ist eine wichtige Tatsache, dass die Zeit des CEOs eine begrenzte und wertvolle Ressource ist, und eine Planung, wie diese Zeit genutzt werden sollte, erhöht die Chancen, dass sie produktiv genutzt wird.

Das ist auch die Denkweise hinter Michael Soenens Arbeitsritual einer Wochenend-Planungsphase. Soenen war jahrelang der CEO von FTD (The Florist Network) und leitet jetzt EmergencyLink, ein Unternehmen, das die Notfallinformationen von Personen speichert, um sie für die Familie und die Ersthelfer zugänglich zu machen. Er sagt, es sei seine wichtigste Angewohnheit, dass er sich die zweite Hälfte von jedem Sonntag für strategisches Denken frei hält. Er nutzt diese Stunden dann, um »über unsere Prioritäten nachzudenken, und ich stelle so sicher, dass diese Prioritäten auf das Team verteilt sind. Ich denke dabei über alle Fragen nach, die ich habe, über alle wichtigen Projekte. Wenn ich diese Antworten dann am Sonntag für mich gefunden und den anderen kommuniziert habe, wissen wir am Montagmorgen alle, was ansteht«. Das Team kann sich dann am Morgen schnell zu einem Call zusammenfinden und danach direkt an die Arbeit machen. Eine solche Planung macht die gesamte Woche produktiver, meint Soenen, weil seine Rolle als Chef darin bestehe, »meinen Leuten dabei zu helfen, so effizient wie möglich mit ihrer Zeit umzugehen. Für sie ist es schwierig, effizient zu sein, wenn man nicht auf gesamter Unternehmensebene darüber nachdenkt, was die besten Ideen wären.« Wenn er aber bis Montagmorgen wartet, um darüber nachzudenken, was zu tun ist, wissen das seine Mitarbeiter wiederum erst am Montagnachmittag – damit läuft er Gefahr, dass sie in die falsche Richtung laufen. Wenn man zehn Mitarbeiter hat, sind vier planlose Stunden am Montagmorgen gleich 40 verschwendete Stunden – das Äquivalent einer ausgefallenen Vollzeitkraft. Wenn jedoch Soenen einen fantastischen Sonntagnachmittag hat, haben alle eine fantastische Woche: »Ich habe für mich festgestellt, was für einen großen Unterschied es macht, wenn ich diese Stunden in die Arbeit investiere.«

Die Anhänger von David Allens GTD-System – was für »Getting Things Done« steht – nehmen sich Zeit für einen wöchentlichen Rückblick. Dabei schauen sie sich offene Punkte an, schreiben manches auf die »Irgendwann/Vielleicht«-Liste und legen die nächsten Schritte für die großen Projekte fest. Allen selbst hat herausgefunden, dass für ihn »das Ende der Arbeitswoche ein guter Zeitpunkt« ist, aber auch sonntags oder während langer Flüge: »Das ist perfekt, um sich hinzusetzen und diese Art des zurückgezogenen Denkens zu betreiben.« Der Schlüssel dabei sei es, die Zeit und den Ort zu finden, wo »sich die Welt irgendwie langsamer dreht, die Telefone nicht klingeln, andere mich nicht sofort anpingen, wenn ich an meinem Schreibtisch sitze«. Bei manchen seiner Kunden gibt es eine solche Verlangsamung einfach nie, und er berichtet, dass diese sich dann angewöhnt haben, keine Termine vor 9 Uhr zu vereinbaren, aber den Tag um 7 Uhr zu beginnen, um »sich vor dem Wahnsinn noch einmal aus allem rauszuziehen«. Manche bleiben dafür auch freitags im Homeoffice und nutzen die erste Tageshälfte für Reflexion, damit sie über ihre Wochen nachdenken können, ohne dass die Bürowelt die Klauen nach ihnen ausstreckt. Für welche Variante Sie sich auch immer entscheiden mögen, verbannen Sie alles andere aus Ihren Gedanken und denken Sie über das nach, was ansteht. »Ich möchte keine weiteren kreativen Kräfte auf Dinge verschwenden, die sich schon abgenutzt haben«, erklärt Allen, aber wenn er im Voraus festlegt, woran er arbeitet, kann er sich für neue Ideen öffnen und überlegen, was als Nächstes ansteht.

Ich persönlich plane auf drei Ebenen. Jeden Dezember überlege ich mir die Fragen, die ich mir in einem »Mitarbeitergespräch« am Ende des nächsten Kalenderjahres stellen würde. Was möchte ich innerhalb meiner nächsten 2000 Arbeitsstunden erreicht haben? Sicherlich, die Zukunft ist unvorhersehbar und Ziele können sich ändern, aber dennoch sind Jahresziele – wie »den Traffic auf dem Blog verdoppeln« oder »das Exposé für einen Roman schreiben« – ein Fokus für das Gehirn, um sich auf die Handlungen zu konzentrieren, die einen in die Richtung dieser Ziele bringen. Mit diesen Jahreszielen im Blick erstelle ich jeden Sonntag eine Prioritätenliste dessen, was ich in der kommenden Woche erreichen möchte. Diese Liste beinhaltet sowohl unmittelbare Aufgaben als auch Schritte hin zu meinen Jahreszielen (wie »mich 30 Minuten mit Google Analytics beschäftigen und verstehen, was Traffic nach oben treibt« und »schreibe einen belletristischen Text von 2000 Wörtern«). Ich takte meinen Montag dann streng durch und plane grob den Rest der Woche. Am Montagabend plane ich dann meinen Dienstag engmaschiger – ausgehend von den Punkten, die noch auf meiner Prioritätenliste stehen, und denen, die am Montag hinzugekommen sind. Dienstagabend plane ich dann den Mittwoch etc. pp. Meistens habe ich dann alles bis Freitag erledigt, der somit ein Arbeitsreste- oder Planungstag sein kann.

Jeder arbeitet anders, es gibt also nicht die eine allgemeingültige Planungsmethode. Wenn Sie zum Beispiel mit einer anderen Person eng zusammenarbeiten – einem Assistenten oder dem Librettisten, der alle Wörter zu Ihrer

Oper schreibt –, dann muss diese Person in mindestens einen Teil Ihrer Planung mit einbezogen werden. Es gibt viele Anfragen für bestimmte Anteile Ihrer Zeit, daher braucht Ihre Planung vielleicht ein etwas sorgfältigeres Skript als bei jemandem, dessen Arbeitskultur eine Politik der offenen Tür beinhaltet, wo man einfach ins Büro des Kollegen spazieren kann, um vier Stunden lang über mathematische Beweise zu diskutieren. Das Wichtigste ist dabei nicht das Format – es geht mehr darum, sich diese Planungsphase anzugewöhnen. Sobald Sie einmal Ihren Rhythmus gefunden haben und erst über die Dinge nachdenken, bevor Sie sie ausführen, werden Sie schnell merken, wie süchtig das machen kann. Sie arbeiten dann vielleicht zu komischen Zeiten, nur um Ihre Planung nicht verschieben zu müssen. Durval Tavares, CEO von Aquabotix, einem Hersteller von Unterwasserrobotern, gesteht, dass er manchmal morgens um 4 Uhr aufsteht – »nicht weil dann der Wecker klingelt«, sondern weil ihm so viel im Kopf herumspukt. »Man will Klarheit«, erklärt er. »Wenn man einmal im Büro ist, ist es schwierig, wenigstens eine Minute für die Strategie zu finden oder sich generell Gedanken zu machen.« Also plant er vor dem Frühstück und ist dann startklar für den Tag, wenn er im Büro ankommt.

Außerdem fangen Sie dann vielleicht auch an, Ihr Privatleben zu planen. Mike Williams, ehemaliger Geschäftsführer bei GE und jetziger CEO der David Allen Company, berichtet, dass er nach jedem Arbeitstag kurz reflektiert, worauf er sich abends gerne konzentrieren würde. Zum

Beispiel schreibt er sich in seinen Kalender, wenn seine Tochter ein Referat halten musste: »Frag sie, wie es war.« Auf diese Weise ist er wirklich für seine Familie da, wenn er nach Hause kommt. Er weiß, dass er nur noch vier Jahre mit seiner Teenager-Tochter hat, bevor sie ausziehen wird, und er sieht die Möglichkeiten zur Kommunikation und für besondere Aktivitäten als »Diamanten, die ich nicht verlieren möchte. In der Vergangenheit habe ich diese Chancen verpasst, wenn ich sie mir nicht aufgeschrieben habe.« Ebenso wie die Arbeitsstunden vergehen auch die Stunden für die Freizeit und die Familie, ob man nun darüber nachdenkt, wie man sie nutzen möchte, oder nicht. Wenn man weiß, wohin man möchte, steigert das immens die Chance, dass man dort auch hingelangt.

Disziplin Nr. 3: Erfolg ermöglichen

Sobald Sie anfangen, regelmäßig Planungssitzungen durchzuführen, werden Sie alles mögliche Holz zum Anfeuern Ihrer Karriere finden. Ihnen werden Hunderte Menschen einfallen, die Sie kennenlernen möchten. Aber sosehr es auch gegen Ihre Intuition sein wird, halten Sie sich davon ab, all diese wunderbaren Ideen auf Ihre To-do-Liste für Montag zu schreiben. Bremsen Sie sich. Erfolgreiche Menschen gehen mit ihrer primären To-do-Liste ein wenig anders um als andere. Es sind nicht einfach nur Listen, sondern eher wie Verträge. Was auch immer auf der Liste steht, wird erledigt – und sei es aus reinem Stolz. Das ist auch der Fall, selbst wenn die Deadlines eher schwammig sind. Pham, zum Beispiel, berichtet, dass »im letzten Jahr die Verlage anscheinend dachten, ich würde nach meinem zweiten Kind mein Pensum verlangsamen, aber ich habe trotzdem alle Deadlines geschafft«. Und jetzt liegen ein paar Projekte brach, weil sie darauf wartet, dass die anderen mit ihrer Arbeit gleichziehen.

Da manchmal das Leben dazwischenkommt oder Notfälle auftreten, hängt Erfolg von zwei Aspekten ab: Seien Sie wählerisch bei den Punkten, die auf die tägliche To-do-Liste kommen, und überlegen Sie sich ein funktionierendes Kontrollsystem.

Chalene Johnson, die prominente Fitnesstrainerin, die man für ihre Turbo-Jam-Übungsvideos kennt, beschränkt ihre To-do-Liste am Tag auf sechs Punkte: drei, die an dem Tag erledigt werden müssen, und drei kleinere Punkte, die sie ihrem sogenannten Anschubziel des Jahres näherbringen. Es sind messbare Ziele, deren Ausführung die anderen großen Ziele ermöglicht. Manchmal ist das also nicht das offensichtlichste Ziel. Zum Beispiel wollte sie 2011, dass es ihr Buch *PUSH*[15] in die Bestsellerlisten schafft. Das an sich ist schon ein klares Ziel, aber ihr wurde bewusst, dass der Schlüssel, um dieses Ziel zu erreichen, auch darin lag, mindestens 100 000 Mailadressen von Fans für ein erfolgreiches Marketing zusammenzubekommen. Die nötigen verkaufsfördernden Aktivitäten, um diese Datenbank zu füllen, wurden ihr Anschubziel. Ein weiteres Anschubziel? Ungefähr ein Jahr vor unserem Gespräch verkaufte sie zwei ihrer Unternehmen an Beachbody, ein Unternehmen für Fitness zu Hause. Sie blieb ein Jahr lang als Beraterin im Unternehmen, wobei ein Teil ihrer Ablöse vom Erfolg von Beachbody abhing. Das Anschubziel dieses Jahres war es also, Beachbody dabei zu helfen, einen guten Umsatz zu generieren. An dem Tag, als wir uns trafen, war einer der drei Punkte, ein Treffen mit einem Mann zu vereinbaren, mit dem sie an einem Projekt zusammenarbeitete. Der zweite war, eine Telefonkonferenz mit dem CEO am nächsten Tag anzusetzen. Der dritte war die Überarbeitung eines Präsentationsentwurfs.

Diese Liste abzuarbeiten, ist »ziemlich easy, wenn es nur sechs Sachen sind. Ich sause nur so durch und fühle mich wirklich kompetent. Davon bekomme ich einen Adrenalinschub, einen Schneeballeffekt, der mich am Ball bleiben lässt«. In der Tat ist »das Argument für eine verkürzte Liste, also eine, die auf wenige Punkte reduziert ist, dass man sich nicht vorkommt, als hätte man versagt. Man hat alles geschafft, was man schaffen sollte. Die meisten denken, sie müssen sprinten, und deshalb erreichen sie nie ihre Anschubziele – ihnen geht schlicht die Puste aus«. Drei Sachen täglich zu tun, die einen einem großen Ziel näher bringen, klingt vielleicht nicht nach sonderlich viel, aber wenn man dies an allen Arbeitstagen durchhält, sind das 750 Schritte hin zum Jahresziel. Wenn also Ihr Jahresziel daraus besteht, ein 75 000 Worte umfassendes Manuskript zu schreiben, dann könnte jeder kleine Schritt lauten, dass Sie gerade einmal 100 Wörter schreiben – das ist weniger als ein Absatz – und Sie hätten Ihr Ziel ohne Probleme erreicht. Erfolgreiche

Menschen wissen, dass Kleinigkeiten, die man regelmäßig tut, eine große Macht besitzen.

Wie Johnson begrenzt auch David Allen seine Liste. Nachdem er einen Blick auf die »festgelegte Landschaft« des Tages geworfen hat – sich also mit den Terminen etc. vertraut gemacht hat –, sagt er, dass er sich »in Anbetracht der verfügbaren Zeit ein, zwei oder vielleicht drei Sachen aussuche, auf die ich mich konzentriere«. Er empfiehlt anderen, sich lieber weniger vorzunehmen, und »falls du dann sagst: ›Wow, ich hab alles geschafft‹, und noch Zeit übrig hast, kannst du noch mehr tun. Aber überfordere dich nicht«. Die Menschen haben die Tendenz, »sich nach dem Kaffee zu viel vorzunehmen«.

Johnson verbessert ihre Erfolgschancen nicht nur damit, dass sie ihre Liste beschränkt, sondern auch mit bestimmten Kontrollmechanismen. Sie entwickelt dafür bestimmte Trigger im Kopf, zum Beispiel die Zahl 11, die sie, wenn sie sie irgendwo sieht, daran erinnert, ihre Liste anzuschauen. »Ich habe meine To-do-Liste auf dem Handy«, erklärt sie, und wenn ein Punkt auf ihrer Liste so einfach zu erledigen ist wie das Verschicken einer SMS, dann kann sie ihn auch abhaken, während sie im Supermarkt in der Schlange steht: »Das ist eine Situation, in der ich nichts verlieren kann.«

Man kann aber zur Selbstkontrolle auch eine Gruppe oder einen Partner einbauen. Nika Stewart, die das Unternehmen Ghost Tweeting für Social-Media-Marketing in New Jersey hat, ist ein Teil des 7 Figure Clubs, eine Rechenschaftsgruppe, die vom Unternehmerinnennetzwerk Savor the Success gesponsert wird. Montags loggen sich die Unternehmerinnen online ein und setzen sich ein Wochenziel, das sie ihrem Jahresziel näher bringen wird, und freitags berichten sie dann, ob sie es erledigt haben oder nicht. Wenn sich also Stewart das Wochenziel am Montag setzt, im Laufe der Woche zehn Angebote rauszuschicken, dies aber »bis Donnerstagabend noch nicht geschafft habe, dann bleibe ich so lange am Computer, bis ich das erledigt habe«.

Niemand möchte vor Menschen, deren Meinung man schätzt, wie ein Versager wirken.

Diese Erkenntnis führte zur Gründung eines meiner liebsten Unternehmenskonzepte: stickK.[16] Die Nutzer setzen sich Ziele wie mit dem Rauchen aufzuhören, regelmäßig Sport zu treiben, abzunehmen oder eine ganze Reihe anderer Sachen. Um eine Kontrolle zu gewährleisten, unterzeichnen alle einen Vertrag, in dem das jeweilige Ziel steht, und setzen dann eine Geldsumme als Einsatz auf das Erreichen dieses Ziels ein. Außerdem erstellen alle eine Liste von Unterstützern, die über den Fortschritt auf dem Laufenden gehalten werden. Wenn man dann als stickK-Nutzer doch schwach wird und sich eine Cola gönnt, obwohl man geschworen hat, es nicht zu tun, geht das eingesetzte Geld an eine vorher definierte Person oder sogar an eine »Anti-Wohltätigkeitseinrichtung«, also eine, deren Werte man nicht unterstützt (wie eine Spende an die Republikaner, obwohl Sie Demokrat sind). Zudem werden auch die eigenen Freunde über dieses Versagen informiert. »Man fordert sich nicht nur selbst heraus, indem man sagt: ›Hey, das schaffe ich‹, sondern man setzt auch noch seinen Ruf aufs Spiel«, so steht es in den FAQ von stickK. Die stickK-Gründer fanden heraus, dass Menschen, die sich mit so einem Vertrag binden, eine dreifach höhere Erfolgschance hätten.

Erfolgreiche Menschen wissen, dass Willenskraft super ist, aber es ist zudem eine Tugend, die die meisten von uns nur begrenzt zur Verfügung haben. Ihr Chef wird Sie für einige Ziele zur Verantwortung ziehen, wenn Sie aber größere Ziele oder keinen Chef haben, dann brauchen Sie ein anderes System. Schauen Sie also, welche App, Website, Person, Gruppe oder welcher Wetteinsatz Ihr Versagen möglichst schlimm für Sie macht – und nutzen Sie dies, um Ihre Ziele zu erreichen.

Disziplin Nr. 4: Die eigentliche Arbeit (er-)kennen

Ab und zu werde ich von Unternehmen angesprochen, die Zeiterfassungssoftware erstellen – meistens für Arbeitgeber, um ihre Angestellten vom Faulenzen abzuhalten. Diese Pitches beinhalten oft verblüffende Statistiken wie »Unternehmen verlieren wöchentlich 1,1 Milliarden Dollar in Zeit an Fantasy-Football«. Also überwachen Sie am besten die Zeit Ihrer Angestellten, die sie mit ESPN statt mit Outlook verbringen und – bam! – wird die Produktivität Ihres Unternehmens explodieren! Oder?

Na ja, vielleicht. Ich schreibe selten über solche Programme, weil – auch abseits des *Big Brother*-Aspekts – die Wahrheit ist, dass die wenigsten Berufstätigen es als gute genutzte Zeit sehen, acht Stunden lang Katzenvideos auf YouTube anzuschauen. Vielleicht checkt man mal schnell den Teamstatus beim Fantasy-Football nach einem anstrengenden Meeting, aber das verbraucht höchstens ein paar Minuten – und niemand würde das als »Arbeit« bezeichnen. Das viel größere Problem – eins, das weitaus mehr Geld verschwendet als die vermeintlichen 1,1 Milliarden Dollar pro Woche an Fantasy-Football – liegt vielmehr in Dingen, die sich anfühlen wie Arbeit, es aber nicht sind. Sie sind vielleicht Teil des Jobs, aber nicht wirklich Arbeit, wenn sie Sie oder Ihr Unternehmen nicht an Ihr Ziel bringen.

Wie E-Mails. Laut einem Bericht über die Sozialwirtschaft des McKinsey Global Institute von 2012 verbringen die Wissensarbeiter heutzutage rund 28 Prozent ihrer Zeit mit ihren Posteingängen. Und laut Lookout, einem Unternehmen für Handysicherheit, sagen 58 Prozent der Smartphone-Nutzer von sich selbst, dass sie mindestens einmal die Stunde ihr Handy checken. Und das sind nicht nur die Stunden, die außerhalb des Schlafzimmers verbracht werden – fast 54 Prozent sagten aus, dass sie auch im Bett noch auf ihr Handy schauen. 40 Prozent tun dies sogar auf der Toilette. Etwa neun Prozent gaben sogar zu, dass sie auch während des Gottesdienstes schauen. Das meiste dieser ununterbrochenen Konnektivität bezieht sich auf E-Mails – und die ähneln sicherlich Arbeit. Aber wenn man aufgrund der Tatsache, dass man zehnmal pro Stunde seine Mails checkt, zwei statt einer Stunde für die Erstellung der Präsentation braucht, dann kann man schlecht sagen, dass dies eine bessere Nutzung der Zeit sei, als 30 Minuten lang zu schreiben, 15 Minuten lang Mails zu checken, dann wieder 30 Minuten lang zu schreiben und 45 Minuten am Stück Katzenvideos zu schauen. Und wenn dann auch noch einige dieser Mails gar nicht gelesen werden müssten – denken Sie an dieser Stelle bitte daran, wie viele E-Mail-Verläufe Sie nach dem Urlaub ungelesen löschen –, hätten Sie ebenso gut Ihre Zeit mit Fantasy-Football verbringen können, wenn Sie schon dabei sind.

Oder denken Sie an den Erzfeind jedes Angestellten: Meetings bzw. deren Homeoffice-Schwester: die Telefonkonferenz. Ich bin immer wieder über die reine Anzahl an Meetings überrascht, die in den Zeitprotokollen auftauchen. Jackie Pyke, Vizepräsidentin für Markenstrategie und Governance bei Capital One, schätzt ihre Meetinglast auf 70 Prozent ihres Terminkalenders: »Und es könnten 100 Prozent sein, wenn ich dies zuließe und nicht aktiv managen würde, wer Meetinganfragen stellen darf. Wir haben eine sehr inklusive und kollaborative Arbeitskultur, also verrennen sich die Mitarbeiter auch mal und laden viele Kollegen zu den Meetings ein.« Zusammenarbeit ist wunderbar, aber sie hat auch Nachteile, denn die Menge der Meetings kann schnell zum Teufelskreis werden. Um die Aufmerksamkeit der Menschen auf einem Projekt zu halten, sollte man am besten ein Meeting einberufen – weil Meetings zu Deadlines werden. Wenn Sie kein Meeting einberufen, wird Ihr Projekt auf der Prioritätenliste der Kollegen hinter die anderen sechs Meetings fallen. Das liegt nicht daran, dass Ihr Projekt objektiv betrachtet weniger wichtig ist, sondern weil Dinge, die zu einem bestimmten Zeitpunkt passieren und eine Verpflichtung gegenüber anderen darstellen, automatisch wichtiger wirken, als sie faktisch sind.

Sicherlich, Meetings müssen stattfinden, so wie man eben auch Mails verschicken und lesen muss, und in den meisten Fällen sind Meetings – zumindest die unter vier Augen – wichtig für ein gutes Management. Aber erfolgreiche Menschen rechnen immer wieder die Opportunitätskosten für Meetings aus. »Ich fordere mich selbst mindestens einmal im Jahr dazu auf, mir anzuschauen, wie ich meine Zeit verbringe und ob ich etwas grundlegend verändern könnte«, so Pyke. Sie löscht zum Beispiel Meetings, die auf ewig angesetzt wurden, aus dem Kalender, damit diese sich ihren Weg zurück in ihr Arbeitsleben verdienen müssen. Sie betrachtet Meetings in Retrospektive, bei denen sie gedacht hatte, sie müsse unbedingt teilnehmen, und fragt sich selbst: »Welche Möglichkeit hätte es gegeben, um nicht teilnehmen zu müssen? Vielleicht ist das unbequem, aber es wäre doch auch eine Möglichkeit für jemand anderes in meinem Team, dies in die Hand zu nehmen.« Oder manchmal fällt ihr dann auf, dass sich schon jemand anderes gefunden hat – und das ist definitiv ein Zeichen dafür, dass sie nicht dabei sein muss. Die Mitarbeiter in ihrem Team sind kluge Leute und haben es dementsprechend im Griff. Natürlich ist es Teil der Arbeit mit guten Leuten, sich mit ihnen zu treffen und ihre Entwicklung zu fördern: »Ich versuche wirklich sehr, mir jede Woche eine Stunde Zeit für jeden direkten Bericht zu nehmen«, aber sie weiß, »dass dies nicht realistisch ist – weder für mich noch für alle anderen. Sie bewegen sich auf der Leiter außerdem weiter nach oben – da ist eine Stunde pro Woche viel Zeit. Sie sind inzwischen viel selbstständiger, als sie es auf dem Junior-Level am Anfang waren«. Vielleicht sollte daher der Check-in eher nur alle zwei Wochen stattfinden.

Oder Sie können sich eine Stunde frei halten, aber diese nicht vollständig nutzen. Colin Day, CEO von iCIMS, einem Unternehmen für Personalsoftware mit 250 Mitarbeitern, hat jede Woche eine Stunde für jeden seiner fünf direkten Berichte im Kalender stehen, aber sagt, dass die Mitarbeiter »nicht das Bedürfnis haben, eine Stunde bei mir herumzuhängen, nur weil eine Stunde anberaumt wurde«. Nichts macht ihn glücklicher, als es in fünf Minuten zu klären – oder einfach per Instant Messaging. Dann können sich beide Seiten diese Zeit zurückholen – weil erfolgreiche Menschen sich immer wieder die Frage stellen: »Wie könnte ich diese Stunde sonst noch nutzen?« Ein guter Grund, auf die eigenen Stunden zu achten und zu wissen, wie lange etwas dauert, ist, dass man dann jede beliebige Anfrage in diese Zeiten übersetzen kann. Sie wissen, dass der Anruf von sechs ehemaligen Kunden – bei 20 Minuten pro Gespräch – wahrscheinlich in mindestens einer Angebotsanfrage enden wird. Ein zweistündiges Meeting ist also gleichbedeutend mit dem Verzicht auf potenzielle neue Arbeit. Ist es das wert? Oder könnte das Meeting auf eine Stunde gekürzt werden und Ihnen so die Möglichkeit für ein paar Anrufe geben? Manchmal hilft es, wenn man diese Frage in Hartgeld übersetzt. Ein wöchentlich stattfindendes Meeting von zehn Mitarbeitern für zwei Stunden kostet so viel wie eine weitere Teilzeitkraft. Bringt Ihnen das Meeting genauso viel wie dieser neue Mitarbeiter? Oder sind nur die ersten 15 Minuten wichtig, und der Rest ist freiwillig gezahltes Lehrgeld der Firmenzeit?

Diese Frage der Opportunitätskosten ist besonders wichtig, wenn man ein kleines Unternehmen leitet. Gründer haben oft ein großes Problem damit, ihre Aufgaben, die sie gut selbst erledigt bekommen, zu delegieren – aber das Problem daran, dass man nur 2000 bis 3000 Arbeitsstunden pro Jahr zur Verfügung hat, ist: Wenn Sie sich entscheiden, dass Sie den Berichtsentwurf lieber selbst schreiben, weil Sie das so gut können, haben Sie keine Zeit mehr herauszufinden, welche Ihrer Einnahmequellen am schnellsten wächst und mehr Aufmerksamkeit verdient. Diejenigen, die sich von einem Kleinunternehmen zu einem Millionen-Dollar-Unternehmen entwickeln, rechnen das durch. Traci Bilds Unternehmen Bild and Company bietet Beratungen für Unternehmen für seniorengerechtes Wohnen an. Das Unternehmen generiert vier Millionen Dollar Umsatz im Jahr – dennoch verlässt Bild um 15 Uhr das Büro, um sich nach der Schule um die Kinder zu kümmern. Ihr Geheimnis? »Ich versuche andauernd, mich selbst zu ersetzen. Das ist meine Hauptstrategie als Chefin. Wenn ich meine Aufgaben abgebe, schaffe ich mir selbst Freiraum, um weiterkommen zu können. Das ist seit Jahren meine Strategie, und es funktioniert unglaublich gut.«

Josh Skolnick, Mitte 20 und Gründer, fing schon während der Highschool an, in seiner Umgebung im vorstädtischen Philadelphia Rasen zu mähen. Seine Gründermentalität war so ausgeprägt, dass er direkt nach dem Abitur mehrere Crews hatte, die für ihn arbeiteten. Er beschloss, sich mit Baumpflege selbstständig zu machen, nachdem er gemerkt hatte, dass dies ein profitabler Markt sein könnte. Ein Kunde bat ihn darum, sich um einen abgestorbenen Baum zu kümmern, daher engagierte er einen Dienstleister dafür und – da er ihn nun einmal schon vor Ort hatte – er ging zudem von Haus zu Haus und fragte die Nachbarn, ob sie auch jemanden gebrauchen könnten. Er verkaufte so an einem Tag Arbeit im Wert von 20 000 Dollar. Skolnick ist eindeutig sehr gut im Verkauf. Aber während er sein Unternehmen zu einer nationalen Franchise ausbaute – die dann Monster Tree Service werden sollte –, wurde es immer weniger sinnvoll, selbst von Tür zu Tür zu gehen, obwohl er sehr gut darin war. Also schulte er seine Vorarbeiter darin, mit den Grundbesitzern über das Gelände zu gehen und ihnen die herabhängenden Äste und die mögliche Baumfäule zu zeigen. Er hat sie außerdem darin instruiert, die Nachbarn in den anderen Gärten zu grüßen und so indirekte Akquise zu betreiben. »Die Leute verblüffen einen immer wieder. Es ist wirklich spannend, welche Fähigkeiten manche haben. Ich habe Jungs in meinem Team, bei denen man nie gedacht hätte, dass sie die Arbeit an Bäumen verkaufen könnten«, aber sie haben dazugelernt, es gemeistert und inzwischen Tausende Dollar an Akquise hereingeholt – was Skolnick zu belohnen weiß: »Ich habe in meinem Unternehmen herausgefunden, dass ich dafür respektiert werde, dass ich meine Mitarbeiter so behandle, wie ich an ihrer Stelle gerne behandelt würde. Auch finanziell kümmere ich mich um sie und habe eine Bonusstruktur implementiert, um sie dazu zu motivieren, mehr Verantwortung zu übernehmen.«

Beim Versuch herauszufinden, was wirklich Arbeit ist und was nur so aussieht, muss man aber auf eines achten: Man darf nicht übersehen, was *wirklich Arbeit* ist. Produktivität bedeutet, dass man *mit* seiner Zeit arbeitet statt *gegen* sie. Viele Sachen, die nicht wie Arbeit aussehen, können sich aber aus dem richtigen Winkel betrachtet als sehr gute Nutzung der eigenen Zeit herausstellen.

Meistens trifft dies auf Pausen zu. Pham steht jede Stunde auf und macht ein paar Yogaübungen. Ich gehe spazieren oder joggen oder mache eine Besorgung, wenn ich gerade ohnehin ein Nachmittagstief habe. Ich weiß, dass ich sonst sowieso nur alle 30 Sekunden meine Mails checke, wenn ich am Computer sitzen bleibe. Spannenderweise ergeben in diesen Pausen dann Ideen einen Sinn, die ich vorher nicht zu Ende durchdenken konnte. Während ich diesen Teil des Buches schrieb, hatte ich kurz darüber nachgedacht, meine Joggingrunde mit meiner Laufpartnerin abzusagen, weil ich meinem Schreibplan hinterherhinkte. Aber ich ging doch und besprach mit ihr die Gliederung, während wir nebeneinanderher schnauften. Vielleicht sah das nicht wie Arbeit aus, aber ich habe in der Zeit weitaus mehr geschafft, als ich es sitzend am Schreibtisch getan hätte.

Forschungen haben gezeigt, dass solche Pausen – und Selbstfürsorge im Allgemeinen – eine ziemlich hohe Rendite bringen. Tony Schwartz und Catherine McCarthy untersuchten im Jahr 2006 die Produktivität mehrerer Wachovia-Bank-filialen in New Jersey.[17] Dafür wurden 106 Angestellte durch eine Art viermonatiges Wellnessprogramm geleitet, inklusive einer Anleitung zum eigenen Energiemanagement, mit Richtlinien für regelmäßige Mahlzeiten, das Lösen negativer Emotionen und regelmäßigem Aufstehen vom Schreibtisch. Gegenüber der Kontrollgruppe erzielte diese erste Gruppe im Jahresvergleich einen höheren Einnahmenzuwachs um 13 Prozentpunkte bei den Krediten und bei den Einlagen um 20 Prozentpunkte. (Wie Schwartz und McCarthy in ihrem Artikel über die Auswertung der Studie in der *Harvard Business Review* im Jahr 2007 hinwiesen, benutzte Wachovia diese Zahlen für die Evaluation seiner Mitarbeiter.) Natürlich ist es schwierig zu wissen, was einen Menschen motiviert. Ein Wellnessprogramm erweckt vielleicht den Eindruck, dass dem Chef die Mitarbeiter wichtig sind – und das ist der Hauptmotivator, nicht das Programm per se. Abgesehen davon haben bereits viele Menschen bestätigt, dass diese in den Pausen »verlorene« Zeit durch die wiedergewonnene Konzentration mehr als wettgemacht wurde. Matt Hall baut solche Pausen in die Arbeitskultur bei der Hill Investment Group ein, einer Vermögensverwaltung in Saint Louis. Hall hat das Unternehmen 2005 mitgegründet – mit dem Ziel, dass die Kunden »auf lange Sicht« zu denken lernen. Bei einem guten Investment geht es um eine maximale Rendite, die vor allem nachhaltig ist, und daher versucht Hall, seine Stunden so zu managen, wie er das mit dem Geld seiner Kunden macht: vorsichtig.

Die Woche als Ganzes und ihre einzelnen Stunden sind durchchoreografiert. Montags und freitags arbeitet er an seinem Zeitplan und der Vorbereitung, sodass er sich dienstags, mittwochs und donnerstags auf seine Kundentermine konzentrieren kann. Hall weiß, dass er sich zwischen 10 und 12 Uhr am besten konzentrieren kann, daher behandelt er diese Zeit »wie eine Immobilie. Was ist die wertvollste Immobilie, die man besitzt? Die würde man auch nicht einfach weggeben«. Die Woche wird dementsprechend so geplant, dass die wertvollste Zeit – die sechs Stunden zwischen 10 und 12 Uhr von Dienstag bis Donnerstag – auf die Förderung der wichtigsten Beziehungen des Unternehmens verwendet wird: »Das prädestiniert uns für den Erfolg.«

Auf diese höchst produktiven Stunden folgt das Mittagessen um 12 Uhr – das wird als Gruppe begangen, sodass alle angespornt werden, eine Pause zu machen, in der es auch immer wieder um den Aufbau von Wissen geht. »Wir haben immer wieder gemeinsame Mittagessen, während derer wir uns zusammen ein Video anschauen und danach besprechen«, erklärt Hall. Dazu gehören TED Talks, oder jemand stellt ein inspirierendes Buch vor. Nach dem Mittagessen sind viele meist eher müde, daher werden diese Stunden für die schriftliche Kundenkommunikation oder andere Dinge genutzt, bei denen niemandem das Gähnen auffallen kann. Täglich gibt es zudem eine gemeinsame Teezeit gegen 15.30 Uhr. Alle stapfen dann zu Starbucks um die Ecke: »Niemand von uns trinkt wirklich Tee. Aber es geht einfach darum, dass alle mal aufstehen, den Kreislauf ankurbeln und vor die Tür gehen.« So können sich die Mitarbeiter während der letzten Etappe bis gegen 17.30 Uhr noch einmal konzentrieren.

Das ist ein sehr nachhaltiger Zeitplan. Es ist außerdem einer, der – trotz eines 35-prozentigen Wachstums in einem Jahr, in dem die Wirtschaft alles andere als boomte – »es uns ermöglicht, eine Art Ausgleich zu schaffen, sodass wir uns auf dem Weg nach Hause immer noch gut fühlen«. Das war nicht immer so. Als Hall und sein Mitgründer Rick Hill die Hill Investment Group 2005 ins Leben riefen, fühlte sich alles »chaotisch an«. In Anbetracht der Tatsache, dass die Kundentermine an vielen verschiedenen Orten stattfanden und kein Rhythmus aufkommen konnte, »fühlten wir uns irgendwann überfordert«. Hall erklärt: »Wir mussten uns eine Struktur überlegen. Eine, die keinesfalls die Kreativität und den Geist dahinter unterdrückte, sondern ein Unternehmen schuf, das es uns erlaubte, noch mehr zu machen.«

Hall hat einen bestimmten Grund, weshalb er seine eigene Energie im Blick behält: 2007 wurde bei ihm im Alter von 33 Jahren chronische myeloische Leukämie (CML) diagnostiziert. Als junger Mann dem Krebs ins Auge zu blicken, hat ihn tief geprägt: »So etwas gibt einem eine ziemlich gute Sicht auf das Leben. Man versteht auf einen Schlag, dass alle nur eine begrenzte Zeit zur Verfügung haben.« Als er zurück zur Arbeit kam, organisierte die Hill Investment Group ihren Kalender neu: Jede Woche wurde nun mit dem Ziel aufgestellt, dass die Arbeit sinnstiftend ist und dennoch Platz ließ, um in den anderen Lebensbereichen glücklich werden zu können. »Wir pflegten nun keine Meetings, Telefonate oder

Beziehungen mehr, die uns nicht in irgendeiner Form Energie zurückbrachten«, berichtet Hall. »Wir sind nun wählerischer und nehmen dies wirklich ernst.«

Da CML inzwischen medikamentös behandelt werden kann, erwartet Hall ein relativ normales Leben. Seine Zeit ist also nicht begrenzter als die anderer Menschen – ihm ist es nur bewusster als anderen. Manchmal bekommt er die Kommentare von Freunden mit, die an ihm und seinen Kollegen vorbeifahren, während diese die Nachmittagssonne auf dem Weg zu Starbucks genießen. »Ich glaube, die Menschen verbinden ›harte Arbeit‹ mit dem Sitzen am Schreibtisch und Durchrechnen von Zahlen, aber wir sehen das nun einmal anders. für uns ist Aktivität allein noch kein Wert«, erklärt Hall. »Wenn ich in wilden Aktionismus verfalle, heißt das noch lange nicht, dass es dir oder mir wirklich etwas bringt.« Das ist nur das weiße Rauschen des Angestelltendaseins. Stattdessen sollte man nur dort aktiv werden, wo diese Aktivität auch wirklich etwas bewirkt.

Und wenn das bedeutet, dass man ein paar Katzenvideos schaut? Dann ist das eben so. Erfolgreiche Menschen wissen, dass eine beeindruckende Produktivität – vor allem im kreativen Bereich – einen gut gefüllten Akku braucht. Pham durchstöbert dafür Buchläden und Kunstblogs. Sie könnten es also mit einem Bibliotheksausweis probieren und sich in der hiesigen Stadtbücherei etwas ausleihen, das Sie glücklich macht. Sie könnten in ein Kunstmuseum gehen. Sie könnten ein Fachmagazin lesen, das nicht direkt etwas mit Ihrem Arbeitsbereich zu tun hat. Sie könnten kurz zu Starbucks gehen und dort mit faszinierenden Menschen ins Gespräch kommen. All das sieht eventuell nicht nach Arbeit aus, wenn für Sie das Schauen eines Khan-Academy-Videos über Differentialgleichungen dem Betrug an Ihrem Arbeitgeber gleichkommt. Wenn sich jedoch Ihre Definition von Arbeit auf Ihren Output konzentriert – weil Sie wissen, dass niemand bei Ihrer Abschiedsfeier in den Ruhestand über Ihren täglich vollständig abgearbeiteten Posteingang sprechen wird –, dann kommt Ihnen all dies ebenso legitim vor.

Disziplin Nr. 5: Üben, üben, üben

Sarah Fisher hat die meiste Zeit ihres Lebens das Tempolimit überschritten. Sie fing bereits in der Grundschule mit Rennen in Midgets und Karts an und gewann noch vor ihrem 13. Geburtstag zum ersten Mal die World Karting Association Grand National Championship. Im Jahr 1999 war sie 19 Jahre alt und die jüngste Frau, die jemals beim Indianapolis 500 antrat. Als sie Ende der 2010er-Jahre den Rennsport verließ, war sie dieses Rennen bereits neun Mal gefahren.

Sie erzählt lachend, dass die Disziplin, um all diese Jahre für die Rennen in Höchstform zu bleiben, »zermürbend« gewesen sei: »Ich bin froh, dass ich das nicht mehr mache!« Jeden Tag verbrachte sie die erste halbe Stunde mit administrativer Arbeit für das später als Sarah Fisher Hartman Racing bekannte Unternehmen – ein Team, das sie 2008 gründete. Dann verbrachte sie anderthalb bis zwei Stunden damit, Gewichte zu heben, zu laufen und mit den anderen Drills zusammen mit dem USA Diving Team, das auch in Indianapolis sitzt. Zusätzlich zu diesem körperlichen Training trainierte sie auch mental: »Unser Sport ist so schnell, dass man eine wirklich gute Reaktionszeit braucht.« Also übte sie auch das. Nach dem Mittagessen kam sie dann zurück in den Laden, um sich um das Marketing oder die Buchhaltung zu kümmern, damit sie das 25-köpfige Unternehmen am Laufen halten konnte, konzentrierte sich aber auch auf andere Leistungsverbesserungen. Mit Rennautos »ist es nicht so, dass man es einfach anlassen und dann eine Runde um den Block fahren kann«, erklärt sie, denn schon die Miete für ein passendes Gelände, um dort einen durchschnittlichen Test zu fahren, kostet insgesamt 50 000 bis 100 000 Dollar pro Tag. Also fuhr sie viele Simulationen und in Windtunneln, beschäftigte sich aber auch mit den von den Rennautos gelieferten Daten: »Diese Daten – wie sich das Auto auf der Strecke verhält, wie es rollt, unterschiedliche Verdrängungen – geben einem ein wirklich gutes Feedback.« Wenn man das entschlüsseln kann, dann »kann man herausfinden, was man beim nächsten Mal anders machen muss«.

Ausgehend von ihrem Zeitplan wirkt es, als würde Fisher ungefähr die Hälfte der Zeit damit verbringen, als professionelle Rennfahrerin besser zu werden. Die professionellen Musiker, mit denen ich mich im Laufe der Jahre unterhalten habe, haben ein ähnliches Programm für sich entwickelt. Trotz E-Mail-Trommelfeuer, Reiseproblemen und den Forderungen ihrer PR-Manager, sich zum Frühstück mit Journalisten zu treffen, verbringen sie täglich viele Stunden am Klavier, mit der Geige oder dem Singen von Tonleitern. Es scheint also etwas an dem Spruch dran zu sein, dass nur Übung den Meister macht.

Die meisten Menschen wollen aber gar nicht auf so hohem Niveau spielen oder den Indianapolis 500 fahren. Wenn Sie aber etwas genauer darüber nachdenken, fällt Ihnen vielleicht auf, dass Ihr Job auch eine Art Vorstellung ist. Und auch Sie würden Ihre Karriere auf eine andere Stufe befördern, wenn Sie jeden Tag etwas Zeit investieren würden, um in Ihrem Arbeitsbereich besser zu werden.

Einfach gesagt ist Übung das Wiederholen einer Tätigkeit, um darin besser zu werden. Im Gegensatz zu Fisher »fahren wir fast jeden Tag Auto, aber werden selten besser darin«, sagt Doug Lemov, Geschäftsführer der Uncommon Schools und Co-Autor des bereits erwähnten Buchs *Practice Perfect*. »Die Wirtschaft ist voller solcher Aufgaben. Die Radiologen, die Mammografien durchführen, werden zu Beginn ihrer Berufslaufbahn besser, aber nach einer anfänglichen Steigerung flacht die Kurve ab oder fällt sogar wieder ab.« Das ist meistens auch der Fall bei Lehrern – das weiß Lemov, nachdem er über die Jahre Zehntausende von ihnen unterrichtet hat –, bei Verkäufern, die irgendwann in einen Autopiloten schalten, oder bei Forschern in der Wissenschaft. »Man denke nur mal über die sozialen und wirtschaftlichen Kosten nach, die entstehen, weil man nicht besser wird – weil täglich etwas wiederholt, aber eben nicht *geübt* wird. Da wird einem fast schwindlig.«

Alles, was eine Fähigkeit erfordert, kann geübt werden, und wenn man in dem, was man tut, besser und effizienter werden möchte, dann sollte man auch üben. Die beste Form des Übens – was Anders Ericsson, Ralf Krampe und Clemens Tesch-Römer in ihrem berühmten Artikel in der *Psychology Review* 1993 als »gezielte Übung« auf der Basis der Übungspläne von führenden Musikern identifiziert haben[18] – beinhaltet im Idealfall auch ein sofortiges Feedback der eigenen Leistung und viele Wiederholungen, um die Fähigkeiten detailliert zu verfeinern.

Wie zum Beispiel das Schreiben. Der Rotstift hat einen schlechten Ruf. Sie können Ihr Schreiben verbessern, indem Sie andere Menschen Ihre Texte kritisieren lassen, um dann mit diesen Anmerkungen im Kopf den Text zu überarbeiten. Natürlich tut es weh, sich mit dieser Kritik auseinanderzusetzen, aber nur so lernt man und verbessert sich. Mit der Zeit werden Sie dann Ihr eigener Kritiker (»Was will ich aussagen? Spreche ich mich dafür oder dagegen aus? Kann ich es noch knapper formulieren?«) Im Notfall hilft uns die Technik weiter. In seinem Essay »Structure« für die Ausgabe des *New Yorker* am 14. Januar 2013 hat John McPhee den »Alles«-Befehl seines Textbearbeitungsprogramms Kedit beschrieben,[19] mit dem er herausfindet, wie oft er »bestimmte Wörter unzählige Male verwendet habe, die in einem Text nur einmal vorkommen sollten«. Wörter wie »eliminieren« oder »rektifizieren« – er nutzt dann das Programm, um diese Wörter zu eliminieren und so seine Prosa zu rektifizieren. Um Ihren Schreiboutput zu erhöhen, könnten Sie zum Beispiel einen

Blog starten oder ein tägliches Tagebuch führen. Je höher der Output, den Sie sich selbst zum Ziel setzen, desto effizienter werden Sie. In den letzten drei Jahren habe ich sechs bis sieben Posts pro Woche für diverse Blogs geschrieben – und gleichzeitig die Geschwindigkeit verdoppelt, in der ich ein überzeugendes 500-Wort-Essay schreiben kann. Die Posts mögen vielleicht noch nicht perfekt sein, aber sie sind sicherlich besser als noch zu Beginn meines Blogs, als ich gerade erst verstanden hatte, wo ich den »Veröffentlichen«-Button bei WordPress finde.

Oder zum Beispiel Reden in der Öffentlichkeit. Die besten Redner sind nicht unbedingt die geselligsten Menschen. Sie sind einfach geübt, sie haben ihr Material so weit perfektioniert, dass sie wissen, wie die Zuhörer darauf reagieren werden und wie sie mit dieser Reaktion umgehen können. Verhandlungen kann man üben. Kaltakquise kann man üben. Meetings kann man üben – vor allem solche, bei denen Sie sich kritischen Fragen gegenübersehen. Alles, was live passiert, was man nicht noch einmal wiederholen kann, müsse geübt werden, so Lemov: »Ich kann mir nicht vorstellen, in ein Mitarbeitergespräch zu gehen, ohne es vorher geübt zu haben.«

Wenn Sie sich nicht sicher sind, welche Fähigkeiten Sie üben können, befragen Sie doch mal Ihre Kollegen dazu, welche Fähigkeiten diese in Ihrem Bereich für besonders wichtig erachten. Fangen Sie dann mit der meistgenannten an. Wo liegt der Qualitätsstandard für diese Fähigkeit? Wie können Sie darin noch besser werden?

Die Mitarbeiter bei der Hill Investment Group bauen Übungen in ihren Arbeitsalltag ein, indem ihre Kultur aus kontinuierlichem Feedback besteht: »Wenn wir ein Gespräch mit Ihnen hätten und Sie darüber nachdächten, uns zu engagieren, würden wir uns nach dem Meeting gemeinsam folgende Fragen stellen: ›Was haben wir gut gemacht?‹ und ›Was müssen wir bei der Präsentation unserer Story oder unserer Message verbessern? Müssen wir besser zuhören oder bessere Fragen stellen?‹« Laut Hall »kann das eine schwierige Diskussion sein, außer man hat es in der Kultur klar als Chance definiert«. Alle bekommen ein Feedback, auch Hall selbst: »Das häufigste Feedback mir gegenüber ist, dass ich mich kürzer fassen, knapper formulieren solle, dass ich die Stichwörter geben und dann wieder ruhig sein sollte. Dass ich nicht so besessen davon sein sollte, die anderen zu inspirieren oder von meinem Standpunkt zu überzeugen.«

Lemov, Woolway und Yezzi empfehlen dabei die Einführung von Übungen, die verzerrte Simulationen der Wirklichkeit sind und die es einem erlauben, sich auf eine spezifische Fähigkeit zu konzentrieren, wie eben auch ein Basketballspieler im Training versucht, 20 Dreipunktwürfe hintereinander zu treffen. Wenn Sie zum Beispiel für Presseinterviews üben müssen, könnten Sie Freunde bitten, dass diese Ihnen immer wieder mögliche Interviewfragen stellen, sodass Sie die Antworten auf diese verinnerlichen können. Sobald Sie sich einmal plausible Antworten eingeprägt haben, können Sie üben, diese lässig und spontan wiederzugeben. Lemov bemerkt dazu: »Wiederholung macht einen frei. Sie automatisiert Dinge, damit sich das Gehirn mit etwas Wichtigerem beschäftigen kann« – zum Beispiel, dass Sie vor laufender Kamera lächeln sollten, wenn der Moderator Ihren Namen nennt, weil dann meistens die Kamera auf Sie gerichtet ist. Wenn Ihrem Team in der kommenden Woche ein Meeting mit einem unzufriedenen Kunden ins Haus steht, könnten Sie ein Übungsmeeting anberaumen und dabei die präsentierenden Mitarbeiter mit potenziellen Fragen bombardieren. Yezzi schlägt dazu vor: »Bei Meetings mit Mitarbeitern sollte man 15 Minuten für Übungen einplanen.« Ein kleines bisschen bringt dabei schon eine Menge, weil der Mensch sich nach Übung sehnt. Sobald Sie also einmal damit loslegen, werden die anderen noch mehr wollen. Menschen möchten meistens besser in ihrem Job werden, sie wollen Feedback und Vorschläge, wie sie mit diesem Feedback umgehen können.

Das hat zumindest Grace Kang herausgefunden. Sie gründete die Ladenkette Pink Olive in New York, nachdem sie die ersten Jahre ihres Arbeitslebens in verschiedenen führenden Warenhäusern wie Bloomingdale's verbracht hatte: »Ich bin mental darauf trainiert, montags meine Verkäufe anzuschauen.« Mit den Daten im Kopf kann sie ihre Performance bei der Auswahl überdenken und überlegen, wo sie neue Produktmischungen ausprobieren könnte, wie etwa eine größere Papierwaren- und Dekorationsabteilung, nachdem diese Produkte sich den Berichten zufolge schnell verkauften. Sie hält sich zudem Zeit frei, um mit ihren Designern am Telefon darüber zu sprechen, »was funktioniert und was nicht«. Kang erzählt zudem, dass diese Designer, die mehrere Vertriebskanäle betreiben, überraschenderweise selten von ihren Kunden Feedback bekämen. »Das Feedback, das sie von uns bekommen, ist für unsere Designer Gold wert«, sagt sie. »Meine Manager und ich verbringen recht viel Zeit damit, ihnen zu berichten, was sich verkauft. Wenn sich also etwas von einem anderen Designer besonders gut verkauft, erzählen wir das auch weiter, damit sie alle darauf reagieren und etwas Besonderes für uns entwickeln können. Das kostet Zeit, aber es rentiert sich immens.«

Auch wenn Sie vielleicht nicht die Hälfte Ihres Arbeitstages damit verbringen können, Ihre Fähigkeiten oder die Ihres Teams zu verbessern, sollten Sie doch bedenken, wie vernachlässigt diese Disziplin ist und dass es zu einem »wesentlichen Vorteil gegenüber der Konkurrenz« wird, wenn Sie täglich etwas üben und »so die Arbeit verbessern«, schlussfolgert Lemov.

Disziplin Nr. 6: Einzahlen

Ich sammle alte Zeitschriften. Diese Angewohnheit hat sehr davon profitiert, dass ich das Unternehmen PastPaper.com gefunden habe, das in Gap, Pennsylvania, Nahe Lancaster, sitzt und ungefähr eine Million seit 1835 herausgegebene Zeitschriften anbietet. Seitdem bekomme ich von ihnen regelmäßig Ausgaben von *Good Housekeeping, Forbes* etc. – so wie mir auch einige meiner Herausgeber in elektronischer Form solche Ausgaben aus ihren Archiven schicken, nachdem ich ihnen von meiner Faszination erzählt hatte. Wenn ich so eine Zeitschrift also aufschlage oder meinen Blick über die gescannten Seiten schweifen lasse, schaue ich eine Stunde lang auf erlebte Geschichte, aber durch die Augen der Menschen, die zu dieser Zeit gelebt haben. Die allgegenwärtigen Trendthemen können – ungefiltert durch die Rückschau – sehr deutlich aufzeigen, wie sehr sich die Zeiten geändert haben.

Man bedenke nur einmal, wie die Menschen heutzutage ihren Arbeitsalltag sehen und aufbauen. Im Jahr 1956 brachte *Fortune* einen Artikel von Herrymon Maurer heraus, den er mit »Twenty Minutes to a Career« betitelt hatte. Er schrieb darin: »Dieser März im Jahr 1956 wird der hektischste Monat im wichtigsten Jahr für die Anstellung von Hochschulabsolventen in der Wirtschaftsgeschichte der USA sein.« Von »den 200 000 Männern, die in diesem Jahr einen Abschluss machten, wird der Großteil in die Wirtschaft gehen«. (Wie ich in einem Beitrag für Fortune.com über Maurers Artikel bereits erwähnte, machten von den 379 600 Bachelor-Absolventen in Amerika 132 000 Frauen ihren Abschluss – aber deren Karrieremöglichkeiten waren wohl nicht so ein großes Thema.[20]) Die amerikanischen Unternehmen vergrößerten sich und Sears, Roebuck and Co. würden 500 Männer anstellen, GM wollte an die 2000 Männer ins Boot holen und GE sogar 2500. Es war alles ziemlich aufregend, aber man nahm auch eine Spannung wahr, weil, wie Maurer schrieb, der Erstkontakt zwischen den Unternehmen und den Studenten aus einem 20-minütigen Interview bestand. Die Studenten mussten also verstehen, dass »sich bei vielen der Karriereweg während eines kurzen Interviews entscheiden würde«. Richtig, die jungen Männer, die für große Unternehmen arbeiten wollten, sollten »ein Jobangebot als lebenslange Karriere betrachten«. Zugegebenermaßen stellten »manche großen Firmen Männer auch noch zwei oder drei Jahre nach dem Schulabschluss ein, und ein paar wenige sogar noch fünf Jahren danach. Aber fast alle folgen dem Prinzip, innerhalb des eigenen Unternehmens zu befördern«. Daher galt es also »für den Großteil der Männer, die eine Karriere in einem großen Unternehmen anstrebten – und für einen Großteil der Unternehmen, die sie anstellen wollten –, dass das Jahr des Hochschulabschlusses auch das Jahr der Entscheidung ist«.

Nur dass es das nicht war. Die Männer mit einem Abschluss aus dem Jahr 1956 dürften alle in den späten 1990er-Jahren in den Ruhestand gegangen sein, aber nur die wenigsten von ihnen taten dies aus einer der Firmen, die sie 40 Jahre zuvor eingestellt hatten – was vor allem daran lag, dass die meisten Unternehmen, die Maurer in seinem Artikel erwähnte, sich seit 1956 völlig verändert hatten. Das Stahlunternehmen Jones & Laughlin, das die Absolventen von 35 verschiedenen Hochschulen einstellte, schloss sich 1984 mit Republic Steel zusammen, um LTV Steel zu werden, was wiederum im Jahr 2000 Konkurs anmeldete. Zwei Eisenbahnen, die Pennsylvania und die New York Central, berichteten *Fortune*, dass sie unbedingt Männer aus dem Jahr 1956 mit an Bord bringen wollten – aber 1968 hatten sich die Konkurrenten zu einem Unternehmen zusammengeschlossen, das wiederum 1970 in

Konkurs ging. Auch jenseits des Schumpeter'schen Sturms waren die US-amerikanischen Unternehmen immer weniger begeistert von ihrer Idee, nur Angehörige des eigenen Unternehmens zu befördern. Von 1995 bis 2012, so errechnete die Personalvermittlung Crist Kolder Associates, waren 39 Prozent der CFOs und 20 Prozent der CEOs in S&P-500- sowie Fortune-500-Unternehmen von außerhalb eingestellt worden. Auch wenn dies bedeutet, dass immer noch der Großteil aus den Firmen selbst kommt, errechneten doch Heidrick & Struggles, dass die durchschnittliche Arbeitszeit bei den intern ernannten CEOs der Fortune-500-Unternehmen bei 16 Jahren lag. Da das Durchschnittsalter einer solchen Ernennung bei ungefähr 50 Jahren liegt, bedeutet das, dass der Großteil den ersten Karriereweg woanders verbracht hatte. Die Berufstätigen haben ziemlich rational auf die jahrzehntelangen Kündigungen reagiert, indem sie inzwischen für bessere Karrieremöglichkeiten bereitwillig den Arbeitgeber wechseln. Laut einer jüngsten Studie der Kelly Services sehen sich mehr als vier von zehn US-amerikanischen Arbeitern als frei und ungebunden – im Gegensatz zu den »Männern des Unternehmens« rund um William Whyte, den damaligen Herausgeber von *Fortune*.

All dies bedeutet letztlich, dass es nicht mehr reicht, angestellt zu sein – man muss auch anstellbar sein. Das bringt uns zu einem hervorragenden Konzept – nämlich dem des *Karrierekapitals*. Das Karrierekapital fasst auf kompakte Weise die Summe aus eigenen Erfahrungen, Wissen, Netzwerk und den persönlichen Eigenschaften zusammen. Wenn Ihr

Karrierekapital hoch ist, können Sie zu jedem Zeitpunkt Ihre Jetons einlösen und eine neue Position übernehmen, Ihre Karriere auf die nächsthöhere Stufe heben oder sogar eine Pause einlegen, ohne dabei die Möglichkeit auf eine Wiedereinstellung zu verlieren. Erfolgreiche Menschen achten darauf, jeden Tag auf dieses Konto einzuzahlen.

Diese Einzahlungen sehen unterschiedlich aus. Wenn Sie die Übung als Verbesserung der Fähigkeiten sehen, die Sie bereits besitzen, dann geht es beim Einzahlen darum herauszufinden, was man in der Zukunft an Fähigkeiten und Wissen braucht. Wenn Sie also auf ein neues technisches Konzept stoßen, das Sie noch nicht kennen, oder einen neuen Malstil, nehmen Sie sich die Zeit, schreiben es auf und informieren sich später darüber? Hören Sie sich bei Konferenzen Vorträge zu Themen an, die Sie bereits kennen und beherrschen, oder strecken Sie Ihre Fühler aus und lernen etwas Neues? Besuchen Sie zu diesem Zweck Fortbildungsveranstaltungen? Können Sie einen Kurs zu dem Thema besuchen, das Ihr Chef immer wieder erwähnt? Können Sie für sich einen Mentor oder eine Mentorin finden, der oder die Ihnen dabei hilft, sich die nötigen Fähigkeiten und Konzepte anzueignen, die Sie für den Erfolg in den nächsten fünf, zehn oder 20 Jahren brauchen?

Die Einzahlungen können in der Erstellung eines sichtbaren Portfolios bestehen. Das Gute beim Schreiben oder Illustrieren von Büchern ist, dass sie danach auf dem Markt zu finden sind und Werbung für Sie und Ihre Ideen machen, auch wenn Sie nicht danebenstehen. Das ist auch der Grund, weshalb viele Experten aus allen möglichen Bereichen (man denke dabei an Medizin, Politik oder Wirtschaft) Bücher oder Artikel für Branchenpublikationen schreiben – auch wenn das Schreiben selbst natürlich nicht die einzige Möglichkeit ist, um sich ein Portfolio aufzubauen. Jede Art greifbarer Beweis für getane Arbeit funktioniert hier, und die Tendenz zu sichtbaren Ergebnissen ist an dieser Stelle keine schlechte Einstellung. Richten Sie Ihre Projekte darauf aus, dass sie ein messbares oder greifbares Ergebnis haben. Es ist das eine, wenn Sie das Gefühl haben, dass Ihr Programm für Arbeitnehmerbeteiligung in dem Kaufhaus, das Sie leiten, die Menschen glücklicher macht – es ist aber etwas gänzlich anderes, wenn Sie nachweisen können, dass die Fluktuationsrate bei Ihnen 30 Prozentpunkte unter dem von anderen vergleichbaren Häusern liegt. Könnten Sie etwas an eine Pinnwand (oder auf Pinterest) anheften und zeigen: »Das habe ich gemacht«? Wenn ja, dann ist dies eine gute Einzahlung auf Ihr Karrierekapitalkonto.

Und schlussendlich ist die beste Einzahlung der Aufbau eines Netzwerks aus Menschen, die Ihnen gegenüber loyal sind. Wenn man den Arbeitsplatz verliert, ist eine der schlimmsten Erfahrungen, zu erleben, wie viele Menschen Ihrer Position oder Ihrem Unternehmen gegenüber loyal waren, nicht aber Ihnen als Person. Wenn Sie jedoch regelmäßig einzahlen, indem Sie Ihr Netzwerk ausbauen, muss dieser Fall nicht eintreten. Der Schlüssel dazu ist, sich klarzumachen, dass Menschen – auch wenn sie manchmal ineffizient sind – eine gute Nutzung Ihrer Zeit sind.

Die Rennfahrerin Sarah Fisher begann 2008 ihren Wandel von einer Wettkämpferin zur Teaminhaberin und hörte mit den Rennen 2010 gänzlich auf. Als Unternehmerin in Vollzeit wendet sie täglich im Management an, was sie aus den Rennen gelernt hat. Sie nennt die Wettrennen »einen Achterbahn-Sport«, weil er aus solch heftigen Hochs und Tiefs besteht. In der einen Sekunden liegt man als potenzielle Gewinnerin vorne und in der anderen schaut man auf ein brennendes Autowrack eines Freundes.

Dieses Gefühl, dass jeder Sieg nur eine kurzfristige Angelegenheit ist, hat bei ihr dazu geführt, dass sie die menschliche Seite des Jobs nicht aus den Augen verliert, was ihr wiederum einen Konkurrenzvorteil verschafft. Wie sie mir für meinen MoneyWatch-Blog bei CBS zum Thema Führung erzählte, »interessieren wir uns auch für die Familien unserer Jungs und unseres Teams, also nehmen wir uns die Zeit für ein fünfminütiges oder auch zehnminütiges Gespräch. Wo auch immer wir einen Mitarbeiter sehen, grüßen wir und reden ein paar Minuten mit ihm«.[21] Das ist nicht immer einfach, denn da sie das Gesicht des Unternehmens ist, muss sie sich unzählige Male bei und mit den Sponsoren treffen, die der Schlüssel zu einer Finanzierung dieses extrem teuren Sports sind. Aber sie hat verstanden, »dass es okay ist, mir fünf Minuten Zeit zu nehmen«. Wenn man brüsk auf eine Störung reagiert, verheizt man unnötig Karrierekapital – und spart sich auf lange Sicht nicht wirklich viel Zeit. Indem Sie aufmerksam sind und sich auf eine Person konzentrieren, zahlen Sie jedoch auf Ihr Konto ein.

In einer Welt, in der die Menschen nicht mehr ein Leben lang den gleichen Job behalten, ist es ebenso wichtig, sich die Zeit für die Menschen außerhalb des eigenen Unternehmens zu nehmen. Bei Wettrennen geht es auch um Fans, also hat Sarah Fisher Hartman Racing (SFHR) in den Social Media eine äußerst kurze Reaktionszeit – als ich über Fishers Philosophie schrieb, dass sie sich Zeit für ihre Mitarbeiter nähmen, hatte SFHR dies schneller retweetet, als ich es selbst auf meinen anderen Kanälen teilen konnte. Aus demselben Grund expandiert SFHR gerade zu einer 3500 Quadratmeter großen Anlage in Speedway, Indiana – die Heimat des Indianapolis Motor Speedway. Auch, um sich und das Unternehmen näher an die Fans zu bringen – inklusive aller Ablenkungen, die das vielleicht im Büro mit sich bringen dürfte. »Wir möchten Teil der Faninteraktion sein und unser Rennteam so richtig zur Schau stellen«, erzählte mir Fisher. »Wir glauben, dass uns dies von der Konkurrenz abheben wird.« Mit einer solchen Erreichbarkeit kann man schnell zum Fanfavoriten avancieren: »Es erhöht unsere Sichtbarkeit und Reichweite.«

Diesen Satz sollte man im Kopf behalten. Was haben Sie heute schon dafür getan, um Ihre Sichtbarkeit und Reichweite zu erhöhen? Jeder kann jemanden kontaktieren, der beruflich hilfreich sein kann. Das eigentliche Karrierekapitel kommt von gemeinsamen Mittagessen, dem Teilen des Netzwerks mit jemandem, der gerade von einem geliebten Arbeitsplatz entlassen wurde. Das sind die Momente, die zählen. Wenn Sie dazu tendieren, diese tägliche Disziplin zu umgehen, weil Sie zu beschäftigt sind, dann könnte es Ihnen vielleicht helfen, eine Einzahlungsliste zu erstellen, einen Kontoauszug sozusagen. Vermerken Sie sich in einem Notizbuch oder einer versteckten Datei, welche Interaktionen sich von reiner Routine zu etwas Wichtigem entwickelt haben, jeder Beweis Ihrer Fähigkeiten, den Sie ins All geschickt haben, jedes bisschen neue Erfahrung oder neues Wissen, das Sie gemacht haben. Man kann nie wissen, wann man sein Karrierekapital brauchen wird – vielleicht in Ihrem Fall niemals –, aber das ist wie mit der Krankenkasse: Man ist einfach besser dran, wenn man sie hat.

Disziplin Nr. 7: Ein bisschen Spaß muss sein!

So sehr, wie ich von Artikeln in alten Magazinen fasziniert bin, so sehr ist Cary Hatch von redaktioneller Werbung fasziniert. Hatch ist Inhaberin von MDB Communications, einer Werbeagentur in Washington, DC. Jeder, der sie in ihrem Büro besuchen kommt, hat sofort den einen oder anderen Jingle im Ohr, denn, so Hatch, »ich habe ungefähr 120 oder 130 Werbeikonen in meinem Büro. (...) Ich bin umgeben von Snap, Crackle und Pop, dem Trix-Hasen, all diesen Dingen«. Sie schaut sich um und spult ab: »Ich habe den Noid von Avoid the Noid. Der ist drei Meter hoch und steht in der Ecke gegenüber. Dann ist da noch der Froot-Loops-Typ, verschiedene Bierikonen, Mr Peanut, das Monster von Monster.com, die Aflac-Ente, Mr Clean, Ronald McDonald.« Sie erklärt, dass es die Macht des Markenbrandings sei, eine emotionale Verbindung mit den Zuschauern herzustellen. Es gibt unendlich viele Wege, eine Marke zu personifizieren. Da ist der Gecko von GEICO. »Wenn man dies schafft, dann stellt es eine emotionale Bindung zwischen den Menschen und der Marke her.« Sie findet genau dieses Konzept interessant – bis hin zu dem Punkt, dass sie einen riesigen Big Boy in der Lobby stehen hat. »Auf visueller Ebene macht das einfach Spaß. Das bessert gleich bei allen die Laune auf.«

Aber was ihre Laune wirklich aufbessert, ist die Tatsache, dass sie ihre Arbeit selbst liebt. Sie genießt es, über eine Werbekampagne oder eine Markenpersonifizierung nachzudenken, um dann ihrem Team dabei zuzusehen, wie es sich findet, um dem Ganzen eine Form zu geben. Während sie also am Entwurfstisch steht, erzählt sie, »denke ich vor mich hin, stelle Werbungen zusammen und werde dafür bezahlt!«. Es war ihr schon immer eine Freude, Menschen dabei zu helfen, verschiedene Dinge zu vertreten – eine Leidenschaft, die sie in ihrem Leben bis zur Highschool und der Universität zurückverfolgen kann, als sie den Cheerleadern nicht nur vorstand, sondern auch selbst eine war. »Etwas bezahlt zu bekommen, was man mit Herzblut macht, war eine große Offenbarung für mich«, erzählt sie. Nur das macht ihre vielen Arbeitsstunden möglich. Nur deshalb hat sie kein Problem damit, zwei Tage lang mit einer Kundenakte in der Handtasche herumzulaufen, weil sie sich am Telefon immer verpasst haben und sie sich nicht sicher war, ob sie auf die Schnelle die Notizen von ihrem Handy abrufen könnte, wenn sie den Kunden endlich an der Strippe hätte. Wie sie es formuliert:

»Ich kann mir einfach nicht vorstellen, wie es ist, nur für das freie Wochenende zu arbeiten.«

Das ist die wichtigste Erkenntnis, die erfolgreiche Menschen über ihre Arbeitszeit haben – eine Erkenntnis, die in den Geschichten über großartige Arbeitsplätze vergessen wird, in denen lang und breit über die frei zur Verfügung gestellten M&M's und das Fitnessstudio im Haus berichtet wird. Es wird auch in den griesgrämigen Schmähreden vergessen, die proklamieren: »Es muss einem nicht gefallen! Deswegen heißt es schließlich Arbeit!« Erfolgreiche Menschen wissen, dass man keinen Wert daraus ziehen kann, seine 40 bis 60 Wochenarbeitsstunden mit etwas zu verbringen, das einem keine gute Laune macht – und die Laune wird von ganz bestimmten Punkten bestimmt. Produktivität, wie wir hier feststellen, bringt Freude. Freude kommt nicht von kostenlosen M&M's, sondern davon, Zielen näher zu kommen, die einem wichtig sind. Für ihr Buch *The Progress Principle*[22] aus dem Jahr 2011 haben sich Teresa Amabile von der Harvard Business School und der Entwicklungspsychologe Steven Kramer fast 12 000 Tagebucheinträge von Teams aus sieben Unternehmen angeschaut. Dabei fanden sie heraus, dass, wenn »das innere Arbeitsleben« – also Wahrnehmungen, Gefühle und Motivationen der Menschen am Arbeitsplatz – gut ist, die »Menschen sich eher auf die Arbeit selbst konzentrierten, sich bei den Teamprojekten stark engagierten und das Ziel, gute Arbeit zu leisten, nie aus den Augen verloren. Wenn das Innenleben aber nicht gut war, neigten die Menschen eher dazu, sich von ihrer Arbeit ablenken zu lassen (...), aus den Teamprojekten auszusteigen und aufzugeben, bevor sie die gesetzten Ziele erreichten«. Was aber schafft ein gutes inneres Arbeitsleben? Amabile und Kramer fanden bei den Analysen der Tagebücher, die auch Ratings der jeweiligen Laune und Motivation beinhalteten, heraus, dass an den besten Tagen ein Fortschritt verzeichnet wurde. 76 Prozent der am höchsten eingestuften Tage waren also von kleinen Gewinnen, Durchbrüchen, Fortschritt bei Projekten und erreichten Zielen gekennzeichnet. Solche Fortschritte trugen viel eher zu guten Tagen bei als Faktoren, die man vielleicht stattdessen als wichtig erachten würde, wie ein Lob vom Chef. Die schlechten Tage beinhalteten mit viel höherer Wahrscheinlichkeit Rückschläge – weitaus mehr als die offensichtlichen Gifte wie Beleidigungen von einem Kollegen. Wie Amabile und Kramer es formulieren: »Der Fortschritt in wichtigen Arbeitsbereichen erhellt das innere Arbeitsleben und verstärkt die langfristige Leistung. Reeller Fortschritt löst positive Gefühle wie Zufriedenheit, Erleichterung und sogar Freude aus.«

Es ist das Gefühl, Fortschritte zu machen – greifbare Fortschritte hin zu einer vollständigen und erfreulichen Geschichte –, die das Illustrieren von Kinderbüchern so zufriedenstellend macht. Man sieht die Fortschritte anhand einer Werbung, die das Profil eines Unternehmens aufwertet, von dem man selbst begeistert ist: »Wir haben ein Projekt mit dem International Spy Museum laufen«, erzählt Hatch. »50 Jahre Bond-Schurken. Wer würde es nicht lieben, an einer Kampagne für das Spy Museum zu arbeiten?« Aber Arbeit, die offensichtlich Spaß macht, ist nicht der einzige Weg, um sich in einen Arbeitsmodus zu bringen, der Freude und Produktivität ermöglicht. Amabile und Kramer zitieren fast schon ekstatische Tagebucheinträge eines Softwareteams, das während eines Feiertagswochenendes zur Arbeit gebeten wurde, um die nötigen Daten aufzuspüren, die das Unternehmen für einen Gerichtsprozess brauchte. Marsha schreibt: »Heute arbeitete unser gesamtes Büro wieder wie ein richtiges Team zusammen. Das war so wunderbar. Wir vergaßen alle die momentan stressige Situation und arbeiteten rund um die Uhr, um ein großes Projekt zu packen. Ich bin seit circa 15 Stunden hier, aber es war einer der besten Arbeitstage der letzten Monate!!« Es zählt nur – wie die doppelten Ausrufezeichen beweisen – der Fortschritt hin zu einem Ziel, das einem persönlich wichtig ist.

Im Idealfall sollte diese Art Fortschritt auch in Ihrer Arbeit möglich sein. Sie tauchen ab in die Tiefen von konzentriertem Arbeiten, anstatt sich andauernden Unterbrechungen auszusetzen. Sie erkennen, dass Sie Schritt für Schritt vorankommen. Sie spüren das Glücksgefühl, wenn Sie sehen, dass es möglich ist, auch etwas Schwieriges zu bewältigen. Das ist der Moment, in dem ein Beweis schlüssig wird, oder wenn ein Schüler die Schönheit des Romans erkennt, über den Sie gerade im Unterricht sprechen, oder wenn ein Interview, in dem eine These zusammengefasst wird, Sie vor Freude hüpfen lässt.

Wenn Sie dieses Gefühl schon lange nicht mehr hatten, ist es vielleicht an der Zeit, sich ein paar Arbeitsstunden zu nehmen und über den Moment nachzudenken, in dem Sie das letzte Mal eine solche Freude bei der Arbeit verspürt haben. Fragen Sie sich, was Sie tun können, um diese Bedingungen erneut zu schaffen. Es ist ziemlich wahrscheinlich, dass es Wege gibt, den Job, den Sie haben, zu dem Job zu machen, den Sie wollen – zumindest die meiste Zeit des Tages, und vor allem wenn Sie die Werte und Menschen in Ihrem Unternehmen mögen. Kleine Drehungen an den Schrauben addieren sich mit der Zeit. Erfolgreiche Menschen betrachten regelmäßig ihre Tage und bewerten, was ihnen Freude gemacht hat oder nicht, und ergründen dann, wie sie mehr Zeit mit der angenehmeren Arbeit verbringen können, dafür aber weniger mit dem, was sie eigentlich nicht interessiert. Denn auch wenn die Arbeitstage manchmal lang wirken, so sind sie doch nicht endlos – und das Leben eben auch nicht. Die Disziplin, jeden Tag nach Freude zu streben, macht eine erstaunliche Produktivität möglich, weil die Arbeit sich dann nicht mehr wie Arbeit anfühlt, sondern wie, in LeUyen Phams Worten, etwas »wirklich, wirklich Schönes«.

JEDER MORGEN EIN NEUES LEBEN

Ich hoffe, ich konnte Sie mit den Anekdoten, wie erfolgreiche Menschen ihre Zeit managen, inspirieren. Aber vielleicht stellen Sie sich nun nach der Lektüre auch die praktische Frage: Funktionieren diese Strategien auch im wirklichen Leben?

Im Januar 2013 fragte ich die Menschen, die sich eine Vorlage für das Zeitprotokoll von meiner Webseite LauraVanderkam. com herunter geladen hatten, ob sie Interesse daran hätten, dass ich ihnen bei der Verbesserung ihres Zeitmanagements helfe. Mehrere Hundert Menschen reagierten, und viele von ihnen protokollierten eine Woche lang ihre Zeit für mich, schrieben auf, wann sie arbeiteten, schliefen, reisten, Hausarbeit erledigten, mit den Kindern spielten, fernsahen etc. Ich fragte sie danach, was sie an ihren Zeitplänen mochten, wofür sie gerne mehr Zeit hätten und was sie gerne ganz los wären. Daraufhin brainstormten wir zusammen nach Lösungen und schauten vor allem darauf, wie eine bessere Gestaltung der Morgenstunden für insgesamt bessere Zeitpläne sorgen könnte.

Im Folgenden finden Sie Zeitprotokolle von vier beschäftigten Menschen und den Ideen, die wir für die Umgestaltung ihrer Morgenroutinen hatten, sowie weiteren Optimierungen von anderen Zeiten, die ihren Tag jeweils verbessern würden.

Protokoll Nr. 1: Greg

Greg Moore ist der leitende Pfarrer der All Saints' United Methodist Church in Raleigh, North Carolina. Es ist eine neue, aber schnell wachsende Kirche, ein Prozess, den er »sowohl belebend als auch ermüdend« findet.

Während Moore seine Kirche zum Wachsen gebracht hat, wuchs gleichzeitig auch seine Familie: seine Frau Molly (die in Teilzeit als statistische Analytikerin arbeitet) und er haben zwei Söhne (drei und ein Jahr alt). Seine Woche Anfang 2013 sah für ihn so aus:

Als ich mir sein Zeitprotokoll anschaute, fiel mir sofort auf, dass Moore einige gute Angewohnheiten hatte. Er schaffte es ab und zu ins Fitnessstudio (»Wenn ich tagsüber nicht wenigstens einmal ins Schwitzen komme, verkrampft sich mein Körper«), aber seine Tage wurden durch die Probleme seiner Gemeindemitglieder zersplittert. Er musste viele Treffen abends durchführen. Natürlich muss er bei seinem Beruf am Wochenende arbeiten, aber versuchte stattdessen, im Gegenzug freitags freizuhaben – daher auch der Museumsbesuch an dem einen Freitag im Protokoll –, aber an dem Freitag, als wir uns unterhielten, musste er sich um eine Beerdigung kümmern. Die Zeit jedes Pfarrers ist – wie auch bei Eltern – nie ganz nur seine Zeit. Er hielt sich donnerstags mehrere Stunden frei, um für den kommenden Sonntag die Predigt zu schreiben. Aber er fand keinerlei Zeit, um das von ihm geplante Curriculum für die Ehevorbereitung oder gar seine Dissertation zu Ende zu schreiben.

Woher sollte er also die Zeit aus seinem beschäftigten Leben für diese beruflichen Prioritäten nehmen? Wie bei vielen anderen Eltern mit kleinen Kindern waren Moore und seine Frau müde, wenn die Jungs endlich im Bett waren. Sie nutzten diese Zeit am späten Abend zum gemeinsamen Fernsehen. Das kann an sich gut sein, um Zeit miteinander zu verbringen, aber es ist dennoch nicht so schön wie ein richtiges Date. Ich schlug ihm also vor, sich regelmäßig mit seiner Frau auf ein »Date-Mittagessen« zu treffen, da dies in ihre beiden Zeitpläne passen würde. Indem sie diese regelmäßige Verabredung im Kalender hatten, mussten sie nicht mehr abends vor dem Fernseher sitzen, um sich wie ein Paar zu fühlen. Wenn Moore seine Fernsehzeit ein wenig reduzieren würde, könnte er früher ins Bett gehen, was es ihm wiederum ermöglichen würde, um 5.30 Uhr aufzustehen, um eine volle Stunde zu schreiben, bevor die Kinder aufwachten.

Ich empfahl ihm, diesen Schreibblock zuerst für das Ehevorbereitungscurriculum zu nutzen, weil er das ohne Recherche in der Bibliothek oder Hilfe von anderen schreiben konnte. Anhand des allmorgendlichen Fortschritts wurde dieses Schreibritual zu einer Angewohnheit. Sobald es also zur Routine wurde und er das Curriculum abgeschlossen hatte, konnte er anfangen, seine Predigten meistens um diese Uhr-

Tabelle 1

	Montag	**Dienstag**	**Mittwoch**
5.00	Schlafen	Schlafen	Schlafen
5.30			
6.00			
6.30	Aufstehen, duschen etc.		
7.00	Mit Molly die Jungs bereit machen	Aufstehen, duschen etc.	Aufstehen, duschen etc.
7.30	Frühstück	Mit Molly die Jungs bereit machen & Frühstück	Mit Molly die Jungs bereit machen & Frühstück
8.00	Beten	Beten	Zum Meeting fahren
8.30	E-Mails beantworten	E-Mails beantworten	Meeting mit Bischoff
9.00		Kirchenbund	
9.30			
10.00		Gottesdienst vorbereiten Telefonkonferenz planen	
10.30	Putzen & Wäsche	Gottesdienst planen Telefonkonferenz	
11.00	Meeting vorbereiten		
11.30		Mit Kollegen zum Mittagessen fahren	
12.00		Mittagessen mit Nathan	
12.30	Zum Meeting fahren		
13.00	Meeting mit dem Planungs-team der Gottesdienstkon-ferenz	Zum Büro fahren	
13:30		Predigt für Aschermittwoch schreiben	
14.00			
14.30			Ins Büro fahren
15.00	Ins Fitnessstudio fahren	Ins Fitnessstudio fahren	E-Mails beantworten
15.30	Sport	Sport	
16.00			Gottesdienst mit Ray planen
16.30	Jungs abholen fahren	Jungs abholen fahren	
17.00	Jungs abholen	Jungs abholen	
17.30	Nach Hause fahren	Nach Hause fahren	Mitarbeiterbesprechung leiten
18.00	Abendessen vorbereiten	Missionsmeeting planen	
18.30	Essen		Nach Hause fahren
19.00	Jungs baden		Jungs baden

Donnerstag	Freitag	Samstag	Sonntag
Schlafen	Schlafen	Schlafen	Schlafen
			Aufstehen, duschen etc.
Aufstehen, duschen etc.		Frühstück	Gottesdienst vorbereiten
Mit Molly die Jungs bereit machen & Frühstück	Frühstück		
Beten		Mit den Jungs spielen	
	Mit den Jungs spielen		
E-Mail		Putzen & Hausarbeit	Zur Kirche fahren
Predigt schreiben			Vorbereitung
	Besorgungen mit Sohn machen		
		Besorgungen machen	Gottesdienst leiten
		Mit Familie wandern	
	Sport		
	Mittagessen mit Familie	Mittagessen mit Familie	Mittagessen mit musikalischem Leiter
	Museumsbesuch mit Familie	Putzen & Hausarbeit	
			Nach Hause fahren
			E-Mails beantworten
		Familienfotos	
Ins Fitnessstudio fahren	Zum Treffen fahren		
Sport	Treffen für Beratungsgeschäfte		Besuch der Gemeindemitglieder
Jungs abholen			
Nach Hause fahren	Nach Hause fahren	Essen gehen mit Familie	Abendessen vorbereiten
Abendessen vorbereiten	Abendessen vorbereiten		Abendessen
Abendessen mit Familie	Abendessen mit Familie	Nach Hause fahren	
Jungs baden	Jungs baden	Jungs baden	Jungs baden

	Montag	**Dienstag**	**Mittwoch**
19.30	Mit Jungs lesen & sie ins Bett bringen		Mit Jungs lesen & sie ins Bett bringen
20.00	Mahlgemeinschaft leiten		Zeit mit Molly verbringen
20.30			Mahlgemeinschaft leiten
21.00	Fernsehen		
21.30			Fernsehen
22.00	Lesen		
22.30		Nach Hause fahren	Lesen
23.00	Schlafen	Schlafen	
23.30			Schlafen

zeit zu schreiben. Dafür konnte er dann die freigeschaufelten Stunden am Donnerstag, die vorher für die Predigten vorbehalten waren, für seine Dissertation nutzen.

Er fand die Idee generell gut, war sich aber nicht sicher, ob er so früh aufstehen können würde: »Ich bin einfach so gar kein Morgenmensch.« Also erwischte ich mich plötzlich dabei, wie ich »Lassen Sie uns über Bestechung sprechen« zu einem Pfarrer sagte. Er erzählte mir, dass der Geruch von frischem Kaffee die wunderbare Fähigkeit besaß, ihn aus dem Bett zu holen. Also versprach er, den Timer an der Maschine in der Küche zu stellen und sich für das Schlafzimmer eine weitere kleine Maschine zu kaufen. So wäre der Kaffee bereits gekocht, wenn sein Wecker klingelte, der Kaffee stünde zudem direkt neben seinem Bett – mit dem verführerischen Geruch – und er könnte seine erste Tasse noch vor dem Aufstehen trinken. Sobald er dann aufgestanden war, würde er wohl auch nicht wieder ins Bett zurückgehen.

Donnerstag	Freitag	Samstag	Sonntag
Mit Jungs lesen & sie ins Bett bringen	Mit Einjährigem lesen & sie ins Bett bringen	Mit Jungs lesen & sie ins Bett bringen	Mit Jungs lesen & sie ins Bett bringen
Film mit Molly	Film mit Dreijährigem und Molly	E-Mail	Fernsehen
		Fernsehen mit Molly	
			Lesen
	Dreijährigen ins Bett bringen		
Lesen	Lesen		
Schlafen	Schlafen	Schlafen	Schlafen

Vielleicht. Ganz pflichtbewusst kaufte er die Maschine für oben, nur um dann am ersten Morgen den gekochten Kaffee einfach zu verschlafen. Er versuchte es erneut und berichtete mir dann: »Ich habe die schlechte Angewohnheit, meinen Wecker im Halbschlaf auszuschalten, und das Nächste, was ich dann wieder mitbekomme, ist mein Dreijähriger neben meinem Bett um 6.30 Uhr.« Wir entschieden uns also, dass er das Ganze langsam angehen musste, schließlich waren es gleich drei Angewohnheiten, wenn er früh zum Schreiben aufstehen sollte: früher ins Bett gehen, früher aufstehen und das Schreiben selbst. Er sollte sich daher zuerst auf die ersten beiden Angewohnheiten konzentrieren, bevor er sich Schreibziele setzte.

Es stellte sich heraus, dass diese Herangehensweise der Schlüssel zum Ganzen war. Als er sich Anfang März wieder meldete, konnte er berichten: »Letzte Woche war ich ein wenig erfolgreicher.« Er ging früher zu Bett und versuchte, um

5.30 Uhr aufzuwachen – was er an dem Tag, als er mir die Mail schrieb, sogar geschafft hatte. »Ich gab mir Zeit, um einfach zu mir zu finden. Ich habe festgestellt, dass ich eher aufstehe, wenn ich dabei gnädig mit mir bin, statt mich tyrannisch an den Schreibtisch zu prügeln.«

Protokoll Nr. 2: Darren

Darren Roesch ist Assistenzprofessor am Baylor College of Dentistry in Dallas, Texas. Er lehrt dort Pharmakologie, Physiologie und Neurowissenschaften, mit einem Schwerpunkt auf Stipendien für Lehre und Lernen. Als wir uns unterhielten, machte er gerade seinen Master-Abschluss in der Ausbildung für Fachpersonal im Gesundheitswesen. Er wohnte in der Nähe der Universität, konnte zu Fuß zur Arbeit gehen und sein Mittagessen zu Hause essen. Sein Zeitplan sah wie folgt aus:

Roesch erzählte mir: »Ich versuche gerade, für mich eine Routine aufzubauen, um alle wichtigen Sachen abdecken zu können.« Dazu gehörte das Unterrichten, die Vorbereitung darauf, Recherche zur Forschung und zur Lehre, Schreiben, an seinem Abschluss arbeiten etc. Das Problem dabei? »Ich bin kein sonderlich disziplinierter Mensch, ich lasse es gerne einfach alles laufen.« Aber in Anbetracht seiner vielen Aufgaben war er sich sicher, dass eine solch planlose Herangehensweise nicht mehr funktionierte, weil er zu oft Tage verstreichen ließ, ohne dass er seinen wichtigsten Zielen näher gekommen war.

Ich fragte ihn, wie viel Zeit er für seine Arbeitsprioritäten jeweils aufbringen wollte – das waren zwei Stunden täglich für die Lehrvorbereitung und eine Stunde für die Arbeit an seinem Master. Er berichtete, dass er nicht sonderlich gut darin war, sich seine »heilige Schreibzeit« freizuhalten: »Im Idealfall hätte ich gerne zwei Zeitblöcke zum Schreiben: einen für die akademische Arbeit und einen für das Internet bzw. meinen Blog. Am besten jeweils mindestens eine Stunde.« Er begann seine Tage meist mit guten Vorsätzen – als Frühaufsteher fing er die Arbeit mit seinem Tagebuch recht früh am Tag an –, aber »ich surfe viel im Internet«, gestand er. »Viele meiner langen Kaffee- und Teepausen verbringe ich mit dem Internet oder meinem Posteingang.« Er bat mich also um Vorschläge, wie er das reduzieren könnte.

Theoretisch sind vier Blöcke à je ein bis zwei Stunden machbar. Roesch hatte keine Kinder und er erzählte mir, dass es nichts gab, was ihn von der Arbeit am Abend abhalten würde. Aber wenn man seinen Tag um 5 Uhr morgens startet, hat man oft um 19 Uhr Probleme, noch wirklich konzentriert nachzudenken. Außerdem sträube ich mich immer dagegen, die Tage zu eng zu takten – ein Problem, das mir bei vielen Protokollen aus Unternehmen auffiel, in denen insgesamt sieben Stunden an Meetings am Tag eingeplant waren. Manchmal kommen einfach andere Dinge dazwischen, und wenn man bereits sieben intensive Stunden verplant ist, hat man keine Kapazitäten mehr, um auf diese Probleme zu reagieren oder die Gelegenheit beim Schopf zu packen. Es

Tabelle 2

	Montag	Dienstag	Mittwoch
5.00	Duschen, Gassi gehen, essen	Duschen, Gassi gehen, essen	Duschen, Gassi gehen, essen
5.30			
6.00			
6.30	Zur Arbeit laufen		
7.00	Meditation, Reflexion, Tagebuch	Meditation, Reflexion, Tagebuch	Meditation, Reflexion, Tagebuch
7.30			
8.00	E-Mails & To-do-Liste abarbeiten	Kaffeepause, Internet	E-Mails & To-do-Liste abarbeiten
8.30			Lehrvorbereitung
9.00	Um den Block laufen	Um den Block laufen	
9.30	Am Master arbeiten	Akademisches Schreiben	Um den Block laufen
10.00			Lehrvorbereitung
10.30		E-Mails, Internet	
11.00	Nach Hause laufen, Gassi gehen mit den Hunden, Mittagessen, zurück zur Arbeit	Nach Hause laufen, Gassi gehen mit den Hunden, Mittagessen, zurück zur Arbeit	Nach Hause laufen, Gassi gehen mit den Hunden, Mittagessen, zurück zur Arbeit
11.30			
12.00			Fachbereichsseminar
12.30	Telefonanrufe		
13.00	Spaziergang	Lehrvorbereitung	Vorlesung Neurowissenschaften
13:30	Im Internet surfen		
14.00		Nachdenken, Ziele definieren	Eine Runde spazieren gehen
14.30			Nachdenken, Ziele definieren
15.00	Vorlesung Neurowissenschaften	Eine Runde spazieren gehen	
15.30		Snacks	
16.00	Überarbeitung To-do-Liste	Nachdenken, Ziele definieren	
16.30	Tagebuch schreiben		Nach Hause laufen

Donnerstag	Freitag	Samstag	Sonntag
Duschen etc.	Duschen etc.	Schlafen	Schlafen
Zur Arbeit gehen	Kaffeepause, Internet		
Meditation, Reflexion, Tagebuch			
	Meditation, Reflexion, Tagebuch	Zeit mit den Hunden	
E-Mails & To-do-Liste abarbeiten		Kaffee und nachdenken	
Kaffeepause, Internet	E-Mails & To-do-Liste abarbeiten		Gassi gehen
Über Relaunch der professionellen Webseite nachdenken			Kaffee und nachdenken
Lehrvorbereitung	Tägliche To-do-Liste abarbeiten		
		Meeting der Anonymen Alkoholiker	
	Lehrvorbereitung		Duschen etc.
Am Master arbeiten			Kirche
Nach Hause laufen, Gassi gehen mit den Hunden, Mittagessen, zurück zur Arbeit	Nach Hause laufen, Gassi gehen mit den Hunden, Mittagessen, zurück zur Arbeit	Besorgungen machen	
	Fachbereichsseminar	Reflexion, Tagebuch	
Teepause, Internet			
Telefonkonferenz	Nachdenken, Ziele definieren	Mit den Hunden spazieren gehen	Treffen der Anonymen Alkoholiker
		Friseur	
			Besorgungen machen
Nachdenken, Ziele definieren			
		Hausarbeit	
Tagebuch schreiben	Die Ziele der nächsten Woche planen		Reflexion und Tagebuch schreiben
Nach Hause laufen und entspannen	Nach Hause laufen		Nickerchen
Lesen	Entspannen, lesen etc.	Entspannen, lesen etc.	

	Montag	**Dienstag**	**Mittwoch**
17.00	Nach Hause laufen	Nach Hause laufen	Entspannen, lesen etc.
17.30	Entspannen, lesen etc.	Entspannen, lesen etc.	
18.00			
18.30			
19.00			
19.30	Abendessen	Abendessen	Abendessen
20.00	Entspannen, lesen etc.	Entspannen, lesen etc.	Entspannen, lesen etc.
20.30			
21.00			
21.30			
22.00	Schlafen	Schlafen	Schlafen

könnte eine bessere Herangehensweise sein, vier einstündige Blöcke einzuplanen und zu schauen, wie das funktioniert.

Von seinen vier Prioritäten bezeichnete Roesch das wissenschaftliche Schreiben als seine größte Herausforderung, mit der Lehrvorbereitung knapp dahinter. Da er eindeutig ein Frühaufsteher war, schlug ich ihm vor, die schwierigste Arbeit als Erstes im Büro anzugehen, wenn sein Kopf noch klar war.

Hier ist der Zeitplan, den wir uns zusammen überlegten:

7.00–8.00: wissenschaftliches Schreiben

8.00–8.20: kurzer Spaziergang mit Kaffee, dabei keine Mails checken

8.20–9.20: Lehrvorbereitung

9.20–9.45: kurzer Spaziergang, Mails checken, aber nur auf dringende Anfragen reagieren

9.45–10.45: Blogartikel etc. schreiben

Donnerstag	Freitag	Samstag	Sonntag
			Entspannen, lesen etc.
	Essen gehen		Wöchentliche To-do-Liste etc.
Abendessen			
Im Internet surfen			Abendessen
Schlafen	Schlafen	Schlafen	Schlafen

Er aß tendenziell recht früh zu Mittag, verließ gegen 11 Uhr das Büro, ging nach Hause, um mit den Hunden rauszugehen. Um 12 Uhr war er dann wieder zurück am Schreibtisch.

Meistens hatte Roesch dann eine Art Meeting oder er unterrichtete einen Kurs oder sprach mit den Studierenden. Ich schlug ihm also vor, seinen Zeitplan am Anfang der Woche anzuschauen und herauszufinden, wo er sich noch eine Stunde nachmittags frei halten konnte, um an seinem Master zu arbeiten. Wenn er also bis 17 Uhr arbeitete, musste er nur eine Stunde in dieser fünfstündigen Zeitspanne für sich blocken. Das würde ihm immer noch genügend Zeit für alles andere lassen. Außerdem wusste er so, dass er drei seiner vier wichtigsten Prioritäten bereits vor dem Mittagessen hatte abhaken können, was ihn entspannter machte, um so auch mit den aufkommenden Ablenkungen umgehen zu können, die ihn am Nachmittag überfielen.

Nach ein paar Wochen berichtete er mir: »Ich habe den allgemeinen Zeitplan benutzt. Ich schreibe eine Stunde lang. Gehe spazieren. Bereite dann eine Stunde lang meinen Unterricht vor und gehe erneut spazieren. Die dritte Stunde am Vormittag musste ich erneut für die Lehrvorbereitung nutzen, weil eine Deadline nahte und die Handouts für die Vorlesungsreihe fertig werden mussten.« Letzteres war jetzt jedoch abgeschlossen und er hoffe, nun mit dem ursprünglichen Zeitplan weitermachen zu können – allerdings stellte er momentan infrage, ob er wirklich eine Stunde für seine Internetpräsenz am Tag brauchte, und arbeitete mit einem Karrierecoach an dieser Thematik.

Er genoss die Pausenspaziergänge: »So bekomme ich wieder einen klaren Kopf und es kommt mir auch so vor, als steigere sich dadurch meine Produktivität.« Auch war es eine große Hilfe, das wissenschaftliche Schreiben als ersten Punkt des Tages festzulegen: »Ich habe schon ein Manuskript abgegeben, das ich schon länger vor mir hergeschoben hatte, und sitze bereits am nächsten Projekt.«

Ich hatte ihm vorgeschlagen, die Tage mit seinen Tagebucheinträgen zu beenden, anstatt sie damit zu beginnen. Ich hatte den Verdacht, dass er die Lust am und den Drive für das wissenschaftliche Schreiben verlieren würde, wenn er die für ihn schönste Schreibaufgabe als Erstes machte. Roesch war sich da nicht so sicher gewesen und hatte Sorge, dass er das Tagebuch nicht mehr schaffen würde, wenn er es nicht gleich erledigte. Er vereinbarte mit seinem Partner, dass dieser sich morgens um die Hunde kümmerte, damit Roesch früher ins Büro gehen konnte, um seine Tagebucheinträge vor seinem neuen Arbeitsbeginn um 7 Uhr zu schreiben. Allerdings schrieb er mir im Laufe der Woche eine Mail, in der er gestand: »Ich glaube, ich muss mich wohl daran gewöhnen, dass ich mein Tagebuchschreiben und die Reflexion nicht vor dem wissenschaftlichen Schreiben machen kann und so zu Ihrem ursprünglichen Vorschlag zurückkehren werde. Heute hatte ich Probleme, mich wieder auf das Schreiben zu konzentrieren, nachdem ich die Reflexion gemacht hatte, die mir so Spaß macht.«

Es ist wichtig, was wir als Erstes machen. Roesch hat verstanden, wie wertvoll eine Routine sein kann, und erzählte mir, dass er nun immer versuchte, alle morgendlichen Meetings abzulehnen, um diese produktive Zeit beibehalten zu können. Sein Fazit: »Ich glaube, die Spaziergänge und der Zeitplan helfen mir dabei, meine Energie und meinen Schwung beizubehalten.«

Protokoll Nr. 3: Jackie

Jackie Wernz ist Anwältin in einer kleinen Chicagoer Kanzlei. Ihr Ehemann Matt ist auch Anwalt, und zusammen haben sie einen einjährigen Sohn. Das Elterndasein mit zwei mehr als vollen Vollzeitstellen zu vereinbaren, hat ihr Leben recht hektisch gemacht. Wie Wernz es formuliert: »Es ist eine wirkliche Herausforderung, die Zeit für die Dinge zu finden, die ich vorher so geliebt habe« – dazu zählen Sport, Lesen, Zeit mit Freunden und ihr Engagement in der Chicagoer Gesellschaft. So sah ihr Zeitplan aus:

Tabelle 3

	Montag	Dienstag	Mittwoch
5.00	Bis 6.30 Uhr schlafen, (Baby gegen 5.30/6 Uhr mit der Flasche füttern)	Bis 6.50 Uhr schlafen, (Matt füttert Baby gegen 5.30/6 Uhr mit der Flasche)	Bis 6.50 Uhr schlafen, (Matt füttert gegen 5.30/6 Uhr mit der Flasche)
5.30			
6.30	Schlafen/duschen		
7:00	Fertig machen/Baby wecken	Bis 7.10 Uhr fertig machen	Bis 7.10 Uhr fertig machen
7.30	Baby füttern, Frühstück mit Matt und Baby, Chef geschrieben, dass Baby krank ist und heute Homeoffice ansteht	Bis 7.30 Uhr im Internet surfen	Zeit mit Baby und Matt bis 7.20 Uhr verbringen; zur Arbeit fahren
8:00	Im Homeoffice arbeiten (8–16.15 Uhr – 7 Stunden in Rechnung stellen: 2 Stunden an mich selbst für meine Unternehmensentwicklung; 0,8 Stunden an einen Partner für seine Unternehmensentwicklung und 4,2 Stunden für Arbeit für Kunden/mein berechenbares Minimum), um das Baby gekümmert und zwischendurch zu Mittag gegessen (Matt war zu Hause mit vollem Krankentag, kümmerte sich also die meiste Zeit um das Baby); 16.15–16.45 Uhr mit Baby spielen	Baby aus dem Bett holen, füttern, für die Nanny alles vorbereiten, Radio hören und mit Baby darüber reden, während die o. g. Aufgaben erledigt werden	Arbeiten
8.30		Bis 8.15 Uhr das Haus verlassen	
9.00		Arbeit	
9.30			
10.00			

Donnerstag	Freitag	Samstag	Sonntag
Bis 6.20 Uhr schlafen, (Baby gegen 5.30/6 Uhr mit der Flasche füttern)	Bis 6.20 Uhr schlafen, (Matt füttert Baby gegen 5.30/6 Uhr mit der Flasche	Bis 7.30 Uhr schlafen, (Baby gegen 5.30/6 Uhr mit der Flasche füttern)	Bis 7 Uhr schlafen, (Baby gegen 5.30/6 Uhr mit der Flasche füttern)
Bis 7 Uhr fertig machen	Bis 7 Uhr fertig machen		
Hund in die Betreuung bringen; zur Arbeit fahren	Zur Arbeit fahren, um 7.30 Uhr ankommen		Baby aus dem Bett holen, Frühstück füttern, selbst und Baby für Kirche fertig machen bis 8.15 Uhr
Arbeiten	Bis 16.15 Uhr arbeiten; um 16.30 Uhr nach Hause fahren	Frühstück für Matt und mich vorbereiten, während Matt Baby füttert, zusammen essen	
		Für Spaziergang fertig machen (15 Minuten); bis 9 Uhr mit Matt, Baby und Hund spazieren gehen	Um 8.15 Uhr mit Matt und Baby zur Kirche laufen, zwischendurch Kaffee und Frühstück kaufen
		Bis 9.15 Uhr im Internet surfen; zur Therapie gehen, Sitzung bis 10.30 Uhr)	Kirche bis 10 Uhr, dann bis 10.15 Uhr nach Hause laufen
			Von 10.15–11 Uhr im Internet surfen (Recherche für Windelentwöhnung und Gebärdensprache für das Baby) Für Fitnessstudio fertig machen

	Montag	Dienstag	Mittwoch
10.30			
11.00			
11.30	Fitnessstudio		
12.00		Mittagessen mit Junioranwalt, der Interesse an Bildungsgesetzen hat	
12.30			
13.00		Arbeit und Taxi nach Hause nehmen	
13:30			
14.00			
14.30			
15.00			
15.30			
16.00			
16.30	16.45–17.30 Uhr Sport		Nach Hause fahren, Hund nach draußen lassen, umziehen
17.00	Abendessen vorbereiten, dabei mit Matt reden, der mit dem Baby gespielt hat, und Freundin anschreiben		Baby füttern, mit Baby spielen (währenddessen zehnminütiges Telefonat mit Mama)

Donnerstag	Freitag	Samstag	Sonntag
		Einkaufsliste mit Matt schreiben; Baby aus dem Bett holen, Snack geben	
		Mit Baby in den Supermarkt	Um 11.15 Uhr auf den Weg ins Fitnessstudio machen
			Fitnessstudio
Mittagessen mit Kolleginnen		Einkäufe wegpacken und Baby füttern	Mittagessen mit Matt und Baby, mit Baby spielen
Bis 16.15 Uhr arbeiten; danach Hund bei Betreuung abholen; um 17 Uhr zu Hause		Mit Baby spielen und das Ende des Basketballspiels mit Matt schauen	
		Surfen im Internet	Duschen (15 Minuten), Blogbeitrag für die Arbeit überarbeiten
		Für Fitnessstudio fertig machen/Podcastfolgen herunterladen (bis 14.20 Uhr)	
		Zum Fitnessstudio fahren und zurück	
		Filmende schauen	Mit Baby spielen
		Duschen, snacken, im Internet surfen	Spieltreffen mit Freundin und Baby
		Mit Baby spielen, Baby füttern, baden und fürs Bett fertig machen, spielen und Zimmer aufräumen (bis 18.15 Uhr)	
	Mit der Nanny plaudern und mit Baby spielen; Baby füttern		
Mit Baby spielen, füttern und fürs Bett fertig machen (baden)			

	Montag	Dienstag	Mittwoch
17.30	Baby für Abendessen fertig machen, Routine für die Schlafenszeit		
18.00	Abendessen kochen und Dankeskarten für Babys 1. Geburtstag schreiben		Baby für Bett fertig machen, Abendroutine, putzen, während Matt Baby ins Bett bringt
18.30			Baden/Modezeitschriften lesen
19.00	Duschen/Abendessen fertig vorbereiten		Im Internet surfen und mit Matt reden; Abendessen mit Matt
19.30	Abendessen mit Matt		
20.00			Zwei Fernsehsendungen mit Matt schauen, dabei Arbeitsmails sortieren und Babyfotos für Album raussuchen (bis 22.15 Uhr)
20.30	Eine Fernsehsendung mit Matt schauen	Abendessen essen (von Matt gekocht) und mit Matt reden	
21.00			
21.30	Zum Vergnügen lesen	Putzen (15 Minuten); zum Vergnügen lesen (30 Minuten),- dann schlafen	
22.00	Schlafen		Zum Vergnügen lesen (22.15–22. _)
22.30		Schlafen	Schlafen

Donnerstag	Freitag	Samstag	Sonntag
	Anderes Baby F. kommt für Babysittingtausch zu uns (seine Mama geht), bis 18.30 Uhr spielen, wenn Matt nach Hause kommt		
Abendessen mit Freundin	Erst F. ins Bett bringen, dann unser Baby; Babyparty für meine Freundin Gwen planen; online Geschenke dafür bestellen und mit Matt reden, während er kocht	Freundin kommt um 18.15 Uhr zum Abend-essen, spielen mit Baby, ins Bett bringen, helfen bei der Abendessenvor-bereitung, gegenseitig auf den neuesten Stand bringen, zusammen essen, plaudern	Abendessen kochen
			Abendessen mit Matt
	Date zu Hause mit Matt! Film ausleihen und vor dem Fernseher zusam-men essen		Eine Fernsehsendung (2 Stunden) mit Matt schauen
		Eine Fernsehsendung mit Matt schauen	
Mit Matt plaudern, zum Vergnügen lesen			Zum Vergnügen lesen
Schlafen	Mit Mutter des anderen Babys quatschen, wenn sie ihn abholt, fürs Bett fertig machen	Schlafen	Schlafen
	Schlafen		

Ich war beeindruckt von einigen der kreativen Ideen, die Wernz und ihr Mann sich ausgedacht hatten. Der freitagabendliche Wechsel als Babysitter gab sowohl ihnen als auch der anderen Familie jeden zweiten Freitagabend frei, ohne dass sie zusätzlich einen Sitter hätten bezahlen müssen – und da die Babys nach 19.30 Uhr wenig bis keine Aufmerksamkeit brauchten, konnten Wernz und ihr Mann einfach ein Date zu Hause haben, wenn sie mit der Betreuung an der Reihe waren. Außerdem traf sie sich am Wochenende mit Freunden und hatte Zeit für ein Mentoring eines jungen Anwalts und für ihr Netzwerk der anderen Anwältinnen in ihrer Kanzlei.

Dass sie nun ihr ganzes Leben protokollierte – nicht nur ihr Arbeitsleben, was sie als Anwältin ohnehin gewohnt war –, half ihr, noch mehr Möglichkeiten zu entdecken, vor allem morgens.

»Unser Baby wird morgens zwischen 5 und 6 Uhr wach und möchte dann gefüttert werden. Ich fütterte es also und ging dann ›wieder schlafen‹, realisierte aber, dass ich in der Zeit gar nicht wirklich schlief.« Tatsächlich, sagt sie, »war ich danach nur noch müder, weil mein Halbschlaf vom Snoozen des Weckers um 6 Uhr unterbrochen wurde.« Da sie dann erst nach 6 Uhr aufstand, hatte sie keine Zeit mehr, um sich für die Arbeit zurechtzumachen: »Ich fühlte mich dann jeden Tag hässlich und schrecklich bei der Arbeit, mit den nassen Haaren im Knoten, ohne Make-up und in einem langweiligen Outfit«, schrieb sie mir in einer Mail.

Laut ihrem Zeitprotokoll ging sie nur einmal an den Werktagen zum Sport – am Montag. Und das auch nur, weil ihr Baby krank gewesen war und sie im Homeoffice hatte arbeiten müssen, was ihr die Zeit für den Arbeitsweg schenkte, die sie für ein Sportvideo zu Hause nutzen konnte. Allerdings würde Homeoffice auf ihrer Karrierestufe nicht auf Dauer funktionieren, und so wollte sie Sport irgendwie anders in ihren Alltag integrieren, abgesehen von den zwei Besuchen des Fitnessstudios am Wochenende.

Ihre Lösung war: »Diese Woche bin ich spätestens um 6 Uhr aufgestanden, damit ich Zeit hatte, um mich fertig zu machen (Haare, Make-up, Kleidung), und an zwei Tagen (Montag und Mittwoch) sogar um 5.30 Uhr, um ins Fitnessstudio zu gehen. Dort habe ich mich dann wiederum nach dem Sport für die Arbeit fertig gemacht und bin direkt ins Büro gefahren.« All dies waren noch vorläufige Lösungen, aber, wie sie selbst sagt, »ich glaube, es wird mir sehr helfen, wenn ich diese Morgenroutine beibehalte und so zweimal auch unter der Woche ins Fitnessstudio gehen kann.«

Es gab ihr eine neue Perspektive auf ihre Zeit, dass sie sich nun diese unterbrochene Stunde Schlaf sparte, sondern aufstand und sich stattdessen in Ruhe für die Arbeit fertig machte: »Es fühlte sich gut an, diese zusätzlichen fünf oder so Stunden ›herauszuschlagen‹, indem ich einfach früher aufstand. Dafür musste ich nicht einmal die Zeit mit meinem Sohn reduzieren, konnte jedoch trotzdem viel mehr im Laufe der Woche schaffen.«

Diese zusätzliche Zeit war letztlich sogar hilfreich, als es bei der Arbeit ein paar Wochen lang, nachdem sie die Protokolle für mich geführt hatte, ziemlich stressig wurde: »Weil ich es nun gewohnt war, um 5.30 Uhr aufzustehen, ging ich dann einfach an den meisten Tagen um 6 Uhr oder 6.30 Uhr ins Büro und konnte daher trotzdem um 16.30 oder 16.45 Uhr pünktlich jeden Tag Feierabend machen, um rechtzeitig vor der Schlafenszeit noch ein paar schöne Stunden mit meinem Sohn zu verbringen.« Auch wenn ihre Sportroutine in der Zeit pausierte, musste sie doch keine Einschnitte bei ihren für sie felsenfesten Aktivitäten – die frühabendlichen Stunden mit ihrem Baby – hinnehmen. Nur dies hielt sie dann davon ab, nicht durch den Stress »völlig ins Trudeln« zu geraten.

»Es war einfach wirklich, wirklich gut für mich, dass mich diese heftige Zeit nicht völlig stressen konnte«, sagt sie. Ein ruhigeres Leben zählt für sie als Erfolg, auch wenn ihr Zeitplan nicht gänzlich so aussah, wie sie es gerne gehabt hätte.

Protokoll Nr. 4: Jaime

Jaime Ake ist Hausfrau und Mutter zweier Söhne (fünf und zwei Jahre alt), die sie zu Hause unterrichtet. Ihr Zeitplan sah wie folgt aus:

Tabelle 4

	Donnerstag	Freitag	Samstag
5.00	Schlafen	Schlafen	Schlafen
5.30	Schlafen	Schlafen	Schlafen
6.00	Schlafen	Fünfjähriger wach, ins Schlafzimmer holen	Schlafen
6.30	Schlafen	Schlafen	Schlafen
7.00	Aufwachen, mit Fünfjährigem kuscheln	Schlafen	Schlafen
7.30	Frühstück vorbereiten/füttern	Aufstehen, Zähne putzen	Frühstück vorbereiten/füttern
8.00	Frühstück vorbereiten/füttern	Frühstück vorbereiten/füttern	Frühstücken, mit Freundin sprechen
8.30	Selbst frühstücken, Internet, aufräumen	Frühstück vorbereiten/füttern	Unterricht vorbereiten
9.00	Mit Kindern spielen	Selbst frühstücken	Unterricht vorbereiten
9.30	Für den Tag fertig machen	Mit Mama sprechen	Urlaub planen

Tabelle 5

	Sonntag	Montag	Dienstag
5.00	Schlafen	Schlafen	Wach – schlaflos
5.30	Schlafen	Schlafen	Schlafen
6.00	Schlafen	Fünfjähriger wach, ins Schlafzimmer holen	Schlafen
6.30	Schlafen	Schlafen	Schlafen
7.00	Aufwachen, duschen	Schlafen	Schlafen
7.30	Frühstück vorbereiten	Aufwachen, die Jungs füttern	Aufwachen, Zähne putzen, Stretchübungen
8.00	Für SeaWorld packen	Wieder schlafen gehen, juhu! (Greg zu Hause)	Bett machen, Zähne putzen
8.30	Alle fertig machen, anziehen	Schlafen	Frühstück vorbereiten und anrichten
9.00	Haus aufräumen, Auto aufladen	Schlafen	Essen/abwaschen/Mails
9.30	Zu SeaWorld fahren	Schlafen	Musik hören/den Jungs vorlesen
10.00	SeaWorld	Schlafen	Musik hören/mit den Jungs mit Spielzeug spielen
10.30	SeaWorld	Schlafen	Unterricht mit Fünfjährigem
11.00	SeaWorld	Mit den Kindern spielen	Unterricht mit Fünfjährigem
11.30	SeaWorld	Essen, Haus putzen, Tag planen	Duschen, fertig machen, anziehen
12.00	SeaWorld	Den Fünfjährigen unterrichten	Mittagessen vorbereiten und füttern
12.30	SeaWorld	Unterricht mitFünfjährigem	Alle fertig machen, ins Auto packen
13.00	SeaWorld	Putzen und aufräumen	Zur Bibliothek fahren, dort arbeiten
13.30	SeaWorld	Putzen und aufräumen	In der Bibliothek
14.00	SeaWorld	Snack vorbereiten und essen	Einkaufen

Mittwoch	Donnerstag	Freitag	Samstag
Schlafen	Schlafen	Schlafen	Schlafen
Schlafen	Schlafen	Schlafen	Schlafen
Schlafen	Schlafen	Fünfjähriger wach, ins Schlafzimmer holen	Schlafen
Aufwachen, fertig machen	Schlafen	Schlafen	Schlafen
Fünfjährigen aufwecken und fertig machen	Aufwachen, mit Fünfjährigem kuscheln	Schlafen	Schlafen
Den Fünfjährigen zu seinen Therapien fahren	Frühstück vorbereiten/ füttern	Aufstehen, Zähne putzen	Frühstück vorbereiten/ füttern
Physiotherapie – Budget überarbeiten	Frühstück vorbereiten/ füttern	Frühstück vorbereiten/ füttern	Frühstücken, mit Freundin sprechen
Physiotherapie – Budget überarbeiten	Selbst frühstücken, Internet, aufräumen	Frühstück vorbereiten/ füttern	Unterricht vorbereiten
Sprachtherapie – im Internet surfen	Mit Kindern spielen	Selbst frühstücken	Unterricht vorbereiten
Sprachtherapie – im Internet surfen	Für den Tag fertig machen	Mit Mama sprechen	Urlaub planen
Beschäftigungstherapie – lesen	Mit Zweijährigem spielen	Aufräumen	Greg angezogen/fertig
Beschäftigungstherapie – lesen	Unterricht mit Fünfjährigem	Alle für das Fitnessstudio fertig machen	Karate mit dem Fünfjährigen
Nach Hause fahren	Unterricht mit Fünfjährigem	Zum Fitnessstudio fahren	Karate mit dem Fünfjährigen
Snacks für die Jungs vorbereiten und füttern	Abendessen vorbereiten	Sport	Mit den Kindern spielen
Sport	Mit Sprachtherapeuten des Zweijährigen reden	Sport	Unterricht vorbereiten
Sport	Zweijährigen in den Schlaf wiegen, Einkaufsliste schreiben	Mittagessen außerhalb mit den Kindern	Unterricht vorbereiten
Unterricht mit Fünfjährigem	Surfen/Nachrichten lesen	Nach Hause fahren	Unterricht vorbereiten
Unterricht mit Fünfjährigem	Nickerchen	Auto reinigen und duschen	Unterricht vorbereiten
Unterricht mit Fünfjährigem	Nickerchen	Auf dem Sofa mit dem Fünfjährigen entspannen	Unterricht vorbereiten

	Sonntag	**Montag**	**Dienstag**
14.30	SeaWorld	Abendessen vorbereiten	Einkaufen
15.00	Nach Hause fahren, Auto ausräumen	Putzen	Mit Mama durch Target stöbern
15.30	E-Mails	Mit den Jungs spazieren gehen	Zu Hause, Auto entladen, ein wenig aufräumen
16.00	Mit Greg und Mama sprechen	Mit den Jungs spazieren gehen	Freunde anmailen und Schwiegermutter
16.30	Abendessen zubereiten/essen	Den Jungs vorlesen	Abendessen kochen
17.00	*Super Bowl* mit der Familie schauen	Abendessen zusammen	Abendessen kochen und essen
17.30	*Super Bowl* mit der Familie schauen	Spieleabend	Mit den Jungs lesen
18.00	Jungs baden, Gutenachtge-schichten vorlesen, ins Bett bringen	Putzen	Aufräumen
18.30	Unterricht planen	Jungs Bett/baden/Gutenacht-geschichten	Tanzen mit der Familie/baden/Bett für die Jungs
19.00	Unterricht planen	Fernsehen – *The Bachelor*	Wäsche zusammenlegen
19.30	Bilder hochladen/überarbeiten	Fernsehen – *The Bachelor*	Zeit mit Greg verbringen
20.00	Bilder hochladen/überarbeiten	Fernsehen – *The Bachelor*	Fernsehen und Lehrplan überlegen
20.30	Bilder hochladen/überarbeiten	Fernsehen – *The Bachelor*	Fernsehen und Lehrplan überlegen
21.00		Baden	Fernsehen und Lehrplan überlegen
21.30	Schlafen	Schlafen	Baden
22.00	Schlafen	Schlafen	Schlafen
22.30	Schlafen	Schlafen	Schlafen
23.00	Schlafen	Schlafen	Schlafen
23.30	Schlafen	Schlafen	Schlafen
0.00	Schlafen	Schlafen	Schlafen
0.30	Schlafen	Schlafen	Schlafen
1.30	Schlafen	Schlafen	Schlafen

Mittwoch	Donnerstag	Freitag	Samstag
Mit dem Zweijährigen spielen	Jungs füttern/zu Mittag essen	Mit dem Fünfjährigen spielen und lesen	Mittagessen vorbereiten/essen/servieren
Den Jungs vorlesen	Draußen mit Kindern spielen	Pizzateig ansetzen	Essensvorbereitung
Fühle mich krank – fernsehen mit den Jungs	Mit Kindern spazieren gehen	Küche/Kühlschrank putzen	Abwasch/Essensvorbereitung
Fühle mich krank – fernsehen mit den Jungs	Aufräumen, Ellen schauen	Pizza belegen	Essensvorbereitung
Unwohl gefühlt – fernsehen mit den Jungs	Mit Jungs spielen	Chat/Greg	Kurz in die Drogerie
Abendessen zubereiten, füttern	Abendessen auftragen	Abendessen mit der Familie	Jungs füttern und mit ihnen spielen
Familien-Lesezeit	Familienzeit	Abendessen mit der Familie	Spieleabend mit der Familie
Aufräumen	Familienzeit/Küche wischen	Mit Kindern spielen	Spieleabend mit der Familie
Tanzen mit der Familie/baden/Bett für die Jungs	Tanzen mit der Familie/putzen	Baden/Bett/Pyjamas für die Jungs	Saugen/Bettgehroutine
Zweijährigen wiegen, Fünfjährigem vorlesen	Jungs baden/Bett/Geschichte	Fünfjährigem Geschichten vorlesen	Fernsehen mit dem Fünfjährigen
Dem Fünfjährigen vorlesen	Duschen	Wäsche zusammenlegen	Fernsehen mit dem Fünfjährigen
Urlaub planen	Den Freitag planen	Film mit Greg anschauen	Urlaub planen
Film mit Greg schauen	Urlaub planen	Film mit Greg anschauen	Urlaub planen
Den morgigen Tag planen, baden	Urlaub planen	Urlaub mit Greg planen	Urlaub planen
Schlafen	Urlaub planen	Urlaub mit Greg planen	Urlaub planen
Schlafen	Urlaub planen	Baden	Zähne putzen, fürs Bett fertig machen
Schlafen	Urlaub planen	Schlafen	Schlafen
Schlafen	Schlafen	Schlafen	Schlafen
Schlafen	Schlafen	Schlafen	Schlafen
Schlafen	Schlafen	Schlafen	Schlafen
Schlafen	Schlafen	Schlafen	Schlafen
Schlafen	Schlafen	Schlafen	Schlaflos wach liegen

	Sonntag	**Montag**	**Dienstag**
2.00	Schlafen	Schlafen	Schlafen
2.30	Schlafen	Schlafen	Schlafen
3.00	Schlafen	Schlafen	Schlafen
3.30	Schlafen	Schlafen	Schlafen
4.00	Schlafen	Schlafen	Schlafen
4.30	Schlafen	Schlafen	Schlafen

Als ich Ake fragte, womit sie gerne mehr Zeit verbringen würde, kam von ihr eine recht normale Antwort für Eltern: »Ich möchte mehr Zeit mit meinen zwei Kindern verbringen, sowohl mit Unterricht als auch einfach nur mit ihnen spielen, lesen, spazieren gehen etc.« Was mich dabei ein wenig verwirrte, war die Tatsache, dass Ake bereits in Vollzeit für die Jungs zu Hause war. Da sie sie auch zu Hause unterrichtete, waren sie nicht einmal in den Schulzeiten von ihr getrennt. Warum dachte sie also, dass sie nicht genug Zeit mit ihnen verbrachte?

Die Antwort darauf ist ein Problem, das viele Eltern kennen: »Wenn ich sage, dass ich mehr Zeit mit ihnen verbringen will, möchte ich ihnen in dieser Zeit meine volle Aufmerksamkeit schenken können. Ja, klar, irgendwie sind wir, weil ich zu Hause bin und sie hier unterrichte, 24 Stunden am Tag zusammen, aber ich bin selten ganz für sie da.« Sie merkte dabei an: »Ich multitaske einfach viel zu viel, und abends bin ich dann leider viel zu oft von mir selbst enttäuscht, dass ich keine Zeit ganz allein für die Jungs freigeschaufelt habe, in der ich mein Handy weggelegt, den Laptop zugeklappt habe,

Mittwoch	Donnerstag	Freitag	Samstag
Schlafen	Schlafen	Schlafen	Schlafen
Schlafen	Schlafen	Schlafen	Schlafen
Schlaflos wach liegen	Schlaflos wach liegen	Schlaflos wach liegen	Schlafen
Schlaflos wach liegen	Schlaflos wach liegen	Schlafen	Schlafen
Schlafen	Schlafen	Schlafen	Schlafen
Schlafen	Schlafen	Schlafen	Schlafen

der Fernseher nicht lief und ich weder die Wäsche noch den Hausputz oder Ordnung gemacht habe. Es ist fast schon Folter für mich, 30 Minuten am Stück einfach nur mit den Jungs und ihren Autos zu spielen, gleichzeitig bin ich aber sehr glücklich, wenn wir diese Spielzeit hatten und ich in dem Moment einfach nur bei ihnen war. Ich bin oft in Eile und ungeduldig, aber so will ich eigentlich gar nicht sein.«

Was Ake für sich herausgefunden hat, ist die Tatsache, dass das Elterndasein der Arbeit ähnelt, insofern, als wir nicht nur körperlich, sondern auch im Kopf anwesend sein müssen. Auch wenn bei der Arbeit natürlich ein wenig die Rechenschaftspflicht zieht – irgendwann wird es Ihrem Chef auffallen, dass Sie Ihre Zeit nur absitzen –, sind doch die Ziele für Eltern schwammiger und komplexer als das Erreichen eines bestimmten Vertriebsziels. In der Konsequenz ist es sogar einfacher, sich in den häuslichen Pendants (TV, Hausarbeit, herumwirtschaften und, ja, auch E-Mails) zum beruflichen Posteingang zu verlieren. All das gibt einem kurzfristig das Gefühl der Produktivität, auch wenn es auf lange Sicht nichts bringt.

Ohne den Rhythmus des traditionellen Schulalltags der Jungs sind Akes Tage sperrangelweit offen für alles – nur die Therapiesitzungen stehen fest. Ich dachte daher, dass sie von zwei Maßnahmen profitieren könnte: Zuerst brauchte sie eine bessere Morgenroutine. Sie verriet mir, dass sie gerne vor den Jungs aufstehen würde, damit sie ein wenig Zeit für sich, für E-Mails und Social Media sowie für andere Projekte (inklusive Haushalt) hätte und dann weniger abgelenkt wäre, wenn sie Zeit mit den Jungs verbrachte: »Wenn ich gleichzeitig mit ihnen aufstehe, reagiere ich ab diesem Moment nur noch, und dann verhalte ich mich weitaus weniger fröhlich und ruhig, als ich es gerne wäre.« Da sie jedoch rechtzeitig ins Bett ging, fragte ich sie, was sie ihrer Meinung davon abhielte, vor den Kindern aufzustehen, und sie antwortete: »In Bezug auf den Morgen gibt es nur eine Antwort: Faulheit. Ich liebe Schlaf, ich hasse den Morgen, und da es keine größeren Konsequenzen für mich hat, stelle ich den Wecker einfach aus und drehe mich wieder um. Sobald ich dann aber um 7.30 Uhr aufwache, hasse ich mich selbst dafür, dass ich schon jetzt hintendran bin.«

Ich käme nie auf die Idee, dieses Wort – »Faulheit« – in Bezug auf eine Vollzeitmutter mit zwei kleinen Kindern zu benutzen. Stattdessen vermutete ich eher, dass der Grund für Akes Liegenbleiben darin lag, dass sie nichts hatte, was sie begeisterte, etwas, wofür es sich in diesem Moment lohnte aufzustehen. Die Tage gingen irgendwie fließend ineinander über. Also dachte ich mir, dass es zusätzlich zur neuen Morgenroutine gut für die Familie wäre, wenn sie auch jenseits des Unterrichts ein wenig plante. Ich legte ihr daher nahe, sich eine Liste der 100 Träume zu erstellen – eine Art Wunschliste –, die ihren Fokus auf die Abenteuer legte, die sie mit ihren Jungs erleben könnte. Das könnten die üblichen Ausflüge sein (Besuche der Museen oder SeaWorld), aber eben auch außergewöhnlichere Ideen (auf dem Markt einkaufen und gleichzeitig mit den Produkten die komplette Farbpalette abdecken). Sie könnte sich dann für ihre Wochen jeweils zwei oder drei Abenteuer aussuchen, die sie am Morgen erleben könnten. Danach kämen sie dann nach Hause und sie könnten den Großteil des Homeschoolings erledigen, während der Kleine seinen Mittagsschlaf hielt. Außerdem könnte sie auch Abenteuer mit nur einem der Jungs erleben, indem sie ihre Mutter (mit der sie zusammenlebte) bat, auf den anderen aufzupassen.

Ake war begeistert von dieser Idee. Sie hatte in meinem Buch *168 Hours* bereits von diesem Konzept gelesen und meinte: »Ich hab damals fast sofort eine Liste für mich erstellt, war aber nie auf die Idee gekommen, eine für uns drei zu schreiben – was für eine Erleuchtung!« Sie waren ein paar Monate zuvor erst in einen anderen Bundesstaat gezogen, »und es gibt hier noch so viel zu entdecken«.

Ich meldete mich ein paar Wochen später wieder bei ihr, und Ake war ganz angetan von ihrer neuen Routine: »Ich bin so viel glücklicher! Ich bin letzte Woche Montag, Mittwoch und Freitag um 6 Uhr aufgewacht, hatte mich sowie die Snack- und die Windeltasche etc. fertig gemacht, bevor die Jungs überhaupt aufgewacht waren. An einem Tag ging ich mit den Jungs raus, Donuts essen, was für die beiden fast so aufregend war wie Weihnachten!« An einem anderen Tag ging sie mit ihnen in den Park zum Entenfüttern, und wieder an einem anderen ins Theater. »Und ehrlich gesagt war das alles überhaupt nicht schwierig!« Sie schrieb auch: »Ich kann gar nicht verstehen, warum ich das nicht schon vor Jahren gemacht habe. Im Rückblick auf die Woche am Freitagabend überwogen die guten Momente die schlechten bei Weitem, und das half mir dann über meine Nicht-so-eine-super-Mut-ter-Momente hinweg, die sonst immer den Rückblick auf die Woche getrübt hatten. Dass ich nun etwas habe, worauf ich mich freuen kann und wofür ich mich fertig machen muss, hat mein Leben verändert. Ich bin fröhlicher und fühle mich weniger schuldig. Das ist SO AUFREGEND!«

Würden Sie nicht gerne auch so über Ihre Tage denken? Wir haben alle die gleiche Menge an Zeit – 168 Stunden pro Woche – zur Verfügung, aber es hängt davon ab, wie wir sie nutzen. Wenn Sie sich darauf konzentrieren, was Sie am besten können, was Ihnen am meisten Befriedigung bringt, dann haben Sie genügend Zeit für alles.

WIE SIE IHR EIGENES ZEITMANAGEMENT VERBESSERN KÖNNEN

Auch wenn unser aller Leben unterschiedlich ist, habe ich die folgenden acht Punkte zusammengestellt, die den meisten Menschen dabei helfen können, ihre Zeit mit Dingen zu verbringen, die sie mögen – und weniger mit denen, die sie nicht mögen.

1. **Zeit protokollieren.** Der erste Schritt, um Ihre Zeit besser nutzen zu können, ist das Wissen darüber, wie Sie sie momentan nutzen. Schreiben Sie also ein paar Tage oder am besten eine Woche lang so oft wie möglich auf, was Sie gerade machen. Sehen Sie sich dabei selbst als Anwalt, der seine Zeiten für verschiedene Projekte abrechnen muss: Arbeit (in ihren verschiedenen Auswüchsen), Schlaf, Reise, Hausarbeit, Zeit mit der Familie, Fernsehen etc. Am Ende dieses Abschnitts finden Sie ein leeres Zeitprotokoll, das Sie aber auch von meiner Webseite http://lauravanderkam.com/books/168-hours/

manage-your-time/ herunterladen können. Sie können außerdem auch den QR-Code in diesem Abschnitt scannen.

2. Zusammenrechnen. Wenn Sie nun Ihre Ausgangsdaten haben, rechnen Sie die einzelnen Kategorien zusammen. Wie fühlt sich das an? Worein investieren Sie zu viel oder zu wenig Zeit? Was mögen Sie an Ihrem Zeitplan am meisten? Was würden Sie gerne ändern?

3. Realistisch denken. Erkennen Sie, dass Zeit wie ein leeres Blatt Papier ist. Die nächsten 168 Stunden werden auf jeden Fall gefüllt – aber deren Inhalt bestimmen zum Großteil Sie selbst. Statt also »Ich habe keine Zeit« zu sagen, sagen Sie lieber »Es hat keine Priorität bei mir«. Sehen Sie jede Stunde Ihrer Woche als Entscheidung an. Zugegeben, auf verschiedene Entscheidungen könnten furchtbare Konsequenzen folgen – aber es könnte auch anders kommen.

4. Groß denken. Fragen Sie sich, was Sie gerne mit Ihrer Zeit anstellen würden. Erstellen Sie Ihre eigene Liste der 100 Träume mit persönlichen Zielen, Reisezielen, beruflichen Zielen etc. Womit würden Sie gerne mehr Zeit verbringen? Womit würden Sie gerne Ihre Zeit füllen? Sie könnten sich eine einzelne Liste der Träume für alles erstellen oder eine separate Liste für die Familie – Sachen, die Sie gemeinsam unternehmen oder erleben möchten. Schauen Sie sich diese Liste oft an und bewahren Sie sie an einem Ort auf, wo Sie oft auf sie stoßen und sie hervorholen können.

5. Zielen eine Zeitachse geben. Schreiben Sie eine mögliche Leistungsbewertung über sich, die Sie sich am Ende des nächsten Jahres gerne überreichen würden. Welche beruflichen Punkte von Ihrer Liste der 100 Träume hätten Sie bis dahin gerne erreicht? Nehmen Sie sich dafür etwas Zeit, um ein hypothetisches Statement über Ihre Errungenschaften zu schreiben, sei es der abgeschlossene Romanentwurf, ein endlich offener und laufender Etsy-Shop, die zwei neuen Kunden mit siebenstelligem Etat für Ihr Unternehmen oder die von Ihnen organisierte erste Spendengala für ein kleines Museum.

Sie können sich auch für private Ziele einen Zeitstrahl setzen. Schreiben Sie dafür zum Beispiel einen »Familienweihnachtsbrief« – den Schrieb mit den Highlights des vergangenen Jahrs, den die Menschen jedes Weihnachten ihren Freunden und Familien aufdrängen. Was würden Sie gerne in einem solchen Brief über sich sagen können? Nehmen Sie sich dafür ungefähr eine Stunde Zeit und überlegen Sie sich, welche Punkte Sie dafür von Ihrer Liste der 100 Träume auswählen und in diesem Jahr wahr werden lassen könnten. Das könnte zum Beispiel sein, dass Sie das erste Mal zehn Kilometer laufen, als Familie dem Gemeindechor beitreten oder im Sommer eine Woche Urlaub in Maine machen und zweimal täglich Hummer essen.

6. Herunterbrechen. Sobald Sie nun die zukünftige Leistungsbewertung und Ihren zukünftigen Familienweihnachtsbrief geschrieben haben, brechen Sie diese Ziele in machbare Schritte herunter. Wenn Sie dabei nicht wissen, wo Sie anfangen sollen, dann ist die »Recherche« der erste Schritt. Das erste Mal zehn Kilometer zu laufen, könnte zum Beispiel bedeuten, dass Sie sich für ein Rennen in sechs Monaten anmelden und sich dann einen Zeitplan mit drei bis vier Joggingrunden pro Woche aufstellen, bei denen Sie stetig Ihre Distanz erhöhen. Andere Schritte könnten der Kauf eines guten Paars Laufschuhe beinhalten – oder die Ausleihe eines Buchs aus der Bibliothek zum Thema Lauftraining, die Anmeldung im Fitnessstudio oder auch die Entdeckung guter Rennstrecken in Ihrer Nähe.

7. Pläne einplanen. Legen Sie für sich eine wöchentliche Planungs- oder Überprüfungszeit ein. Während dieser schauen Sie dann in den Kalender und legen die Schritte hin zu Ihrem Ziel fest. Wo könnten Sie die drei Laufrunden machen? Wann gehen Sie in die Bibliothek, um sich *Starting an Etsy Business for Dummies*[23] auszuleihen?

8. Sich selbst verpflichten. Große Träume sind wichtig, aber wenn Sie sie in Ihrem Leben nicht verankern, bleiben sie reine Fantasien, statt zu Zielen zu werden. Bauen Sie sich also ein Kontrollsystem auf – ein Freund, eine Gruppe, eine App –, das einen Misserfolg unangenehm machen würde. Wenn Sie also einen Laufplan für dienstagmorgens haben, die Temperatur draußen unter null ist, Ihr warmes Bett daher umso attraktiver wirkt – was kann Sie dann dazu motivieren, dennoch Ihre Laufschuhe anzuziehen und loszulaufen? Beantworten Sie sich diese Frage, und die Verbesserung Ihres Zeitmanagements wird super laufen.

50 Tipps für ein gutes Zeitmanagement

1. Die Wahrheit kann wehtun, aber ebenso befreiend sein. Wenn Sie Zeit für den Fernseher haben, haben Sie auch Zeit zum Lesen. Wenn Sie Zeit für den Fernseher haben, haben Sie auch Zeit für Sport. Wenn Sie Zeit für den Fernseher haben, haben Sie auch Zeit für ein Hobby, mit dem Sie irgendwann aufgehört haben, weil Ihr Leben plötzlich so voll war. Statt sich also Rechtfertigungen zu überlegen, seien Sie lieber ehrlich zu sich selbst.

2. Fangen Sie klein an. Etablieren Sie erst eine Angewohnheit und bauen Sie darauf auf.

3. Planen Sie für jeden Tag etwas Schönes ein. Das Leben ist einfach besser, wenn es einen Grund gibt, das Bett zu verlassen.

4. Zerbrechen Sie sich nicht den Kopf über das Abendessen. Sie können sich ein Brot schmieren oder Reste braten, eine TK-Pizza, Eier oder einen schnell zubereiteten Salat essen. Sinn und Zweck des Familienessens besteht darin, zusammen zu sein, nicht darin, wie Julia Child zu kochen. Es muss nicht einmal Abendessen sein! Auch ein gemeinsames Frühstück ist ein wunderbarer Ersatz für Familien mit vollen Abenden.

5. Der Durchschnittsamerikaner schläft mehr als acht Stunden pro Nacht, wenn Sie aber das Gefühl haben, Ihnen

reiche Ihr Schlafpensum nicht, dann stellen Sie sich doch einen Wecker zum Schlafengehen, nicht nur einen Wecker zum Aufstehen. In einer Welt der permanenten Erreichbarkeit braucht es eine bewusste Entscheidung, die Geräte auszuschalten und ins Bett zu gehen.

6. Finden Sie heraus, wie lange die Dinge, die Sie normalerweise tun, brauchen. Auf diese Weise können Sie passende Blöcke in Ihrem Zeitplan dafür reservieren. Wenn Sie davon ausgehen, dass Sie 30 Minuten für die Fahrt zur Arbeit brauchen, weil es das einmal morgens um 6 Uhr gebraucht hat, Sie aber immer um 8 Uhr losfahren, wenn die Straßen am vollsten sind, werden Sie immer zu spät kommen.

7. Wenn Sie eine lange Liste von Projekten in Ihrem Leben haben, dann versuchen Sie doch, sich jeweils eins für jede Woche vorzunehmen. Ein Projekt ist machbar – und dann kann man das nächste angehen. Planen Sie also jetzt die Projekte der nächsten Wochen vor. Und wenn Sie sich dann dabei erwischen, dass Sie beim Streichen des Badezimmers panisch daran denken, dass Sie das Kind noch für das Sommercamp anmelden müssen, können Sie sich selbst daran erinnern, dass dies das Projekt einer anderen Woche ist – und mit dem Bad in Ruhe weitermachen.

8. Falls es möglich ist, handeln Sie sich ein oder zwei Tage pro Woche im Homeoffice aus. Die Zeit, die Sie für die Fahrt zur Arbeit (und die schicke Kleidung) brauchen, spart Ihnen mindestens eine Stunde. Zusammenarbeit von Angesicht zu Angesicht ist wichtig für Innovationen, aber fünf Tage pro Woche können auch zu viel sein.

9. Begreifen Sie, dass Sie bereits wunderbar aussehen. Der Unterschied zwischen 45 und 30 Minuten am Tag für die Körperpflege macht auf die Arbeitswoche hochgerechnet eine Stunde aus.

10. Legen Sie Ihre Sachen immer an denselben Platz. Die Zeit, die Sie verschwenden, um Schuhe und Handy zu finden, ist genau dies: verschwendet.

11. Besitzen Sie weniger. Sachen verbrauchen Zeit – sowohl im Einkommen, das man verdienen muss, um diese zu kaufen, als auch in den Stunden, die man braucht, um sich um sie zu kümmern und wegzuräumen.

12. Halten Sie einen Mittagsschlaf. Das klingt auf den ersten Blick vielleicht unproduktiv, aber ein kurzes Nickerchen, wenn Sie sich erledigt fühlen, können die Stunden danach weitaus effizienter werden lassen.

13. Stecken Sie Ihre Ansprüche an den Haushalt nicht so hoch. Der Wohnraum wird so oder so wieder dreckig, und diese Stunde gibt Ihnen niemand wieder. Die Wäsche kann auch noch einen oder zwei Tage warten.

14. Erledigen Sie die wichtigsten Aufgaben während Ihrer produktivsten Phasen. Für die meisten von uns sind das die Morgenstunden, aber wenn Sie zwischen 14 und 15 Uhr am produktivsten sind, dann sollten Sie diese Stunde mit Händen und Füßen für sich frei halten.

15. Bitten Sie um Hilfe, wenn Sie etwas verwirrt. Das ist meist der schnellste Weg zur Lösung eines Problems.

16. Nehmen Sie sich Zeit zum Üben. Nur die wenigsten von uns verbessern aktiv die Fähigkeiten, die sie für ihren Job brauchen. Aber diejenigen, die es tun, haben einen klaren Vorsprung zur Konkurrenz.

17. Machen Sie seltener Besorgungen. Bestellen Sie auch mal online. Die Kosten für Benzin und Ihre Zeit machen die Versandkosten mehr als wett. Sie werden ohne diese zusätzliche Glühbirne auch ein paar weitere Tage überleben.

18. Etwas als »Arbeit« zu bezeichnen, macht es nicht gleich wichtig oder nötig. Rechnen Sie die Opportunitätskosten aller wiederkehrenden Meetings oder anderen Verpflichtungen durch. Jedes Treffen sollte sich den Platz in Ihrem Kalender erst verdienen.

19. Wollen Sie Ihre Karriere auf die nächste Stufe bringen? Stellen Sie sich vor, Sie haben ein großes Ziel erreicht und eine Zeitschrift möchte nun ein Feature über Sie schreiben.

Was stünde darin? Sich vorzustellen, dass und wie man etwas geschafft hat, kann dabei helfen, es tatsächlich zu schaffen.

20. Machen Sie mehr aus Ihren Feiertagen, indem Sie ein ehrliches Gespräch mit Ihrer Familie über die Traditionen und Rezepte führen, auf die sich alle am meisten freuen. Gehen Sie aufs Ganze, bei den Sachen, die wichtig sind, aber seien Sie besonnener bei denen, die es nicht sind.

21. Machen Sie eins nach dem anderen. Wenn Sie beim Essayschreiben parallel die Mails checken, kann es locker mindestens 15 Minuten dauern, bis Sie wieder ganz im Text stecken. Multitasking frisst Stunden auf. Konzentrieren Sie sich, bis Sie mit etwas fertig sind, und machen Sie dann erst etwas anderes. Falls Ihr Job von Ihnen verlangt, regelmäßig Ihre Mails zu checken, dann gewöhnen Sie sich an, sich 20 Minuten mit Ihrem Posteingang zu beschäftigen und das Programm dann 40 Minuten lang zu schließen, um konzentriert an etwas anderem zu arbeiten. Man kann in 40 Minuten viel schaffen, wenn man nicht unterbrochen wird.

22. Gewöhnen Sie sich an, Nein zu sagen. Wenn Sie sich nicht freiwillig für etwas melden, heißt das nicht, dass diese Sache nicht wichtig wäre. Vielleicht ist sie sogar so wichtig, dass Sie von vornherein wissen, dass Sie dieser Sache nicht genug Aufmerksamkeit widmen können. Schlagen Sie dann lieber jemanden vor, der das übernehmen könnte.

23. Den richtigen Job für sich zu haben, kann einem eine immense Energie für die vollen 168 Stunden geben. Wenn Sie dann auch noch etwas gefunden haben, das Sie sogar ohne finanzielle Gegenleistung machen würden, dann haben Sie den Heiligen Gral gefunden. Falls dies aber nicht realistisch sein sollte (und es ist ziemlich unwahrscheinlich, dass jemand anderes den perfekten Job für Sie entwickelt hat), dann konzentrieren Sie sich auf die kleinen Stellschrauben, mit denen Sie mit der Zeit Ihren jetzigen Job in einen verwandeln können, den Sie auch wollen.

24. Erweitern Sie Ihren Horizont. Nehmen Sie sich jeden Tag etwas Zeit, um Ihr Netzwerk zu vergrößern, neue Fähigkeiten zu erlernen und mit der Welt zu teilen, was Sie gemacht haben.

25. Feiern Sie Erfolge. Ja, das ist eine gute Gelegenheit, um die gute Flasche Champagner zu öffnen. Wofür genau sparen Sie sich Ihre Energie – und den Champagner – denn auf?

26. Zeit für Menschen zu haben, lohnt sich immer. Nehmen Sie sich einen Moment Zeit, um jemanden zu grüßen, anzulächeln und Ihrem Gegenüber Ihre volle Aufmerksamkeit zu schenken. Es könnte Sie Stunden Ihres Lebens kosten, das Wohlwollen zurückzugewinnen, das Sie verspielt haben, weil Sie kurz auf Ihr Handy geschaut haben, während Ihnen etwas Wichtiges mitgeteilt wurde.

27. Mikromanagement ist ineffizient. Wenn Sie Ihren Mitarbeitern oder Dienstleistern nicht vertrauen, dann müssen Sie sich eben selbst mit diesem Problem befassen, anstatt darum zu bitten, bei allen Mails in cc gesetzt zu werden.

28. Schaffen Sie – wenn möglich – nach vorn oder hinten offene Zeitabschnitte in Ihrem Kalender. Wenn Sie an einem Tag zwei Meetings einberufen müssen, dann legen Sie diese am besten direkt nacheinander, um so kurze Zeiträume zwischen zwei Terminen zu vermeiden, die man schlecht für etwas anderes nutzen kann.

29. Wenn Sie jedoch trotzdem öfter in Ihrem Kalender kurze Zeitblöcke haben, könnten Sie versuchen, diese als »kurze schöne Inseln« zu betrachten. Erstellen Sie sich zwei »Schöne Insel«-Listen: eine mit Aktivitäten, die Sie mögen und für die Sie zwischen 30 und 60 Minuten benötigen, sowie eine mit Aktivitäten, die Sie mögen und für die Sie weniger als zehn Minuten brauchen. Wenn Sie dann das nächste Mal zehn Minuten Pause zwischen zwei Telefonkonferenzen haben, können Sie schnell www.poetryfoundation.org aufrufen und ein paar Gedichte lesen, anstatt (schon wieder) in Ihrem Posteingang auf »aktualisieren« zu klicken.

30. Ausschalten. Die Erde wird nicht plötzlich ihre Umlaufbahn ändern, wenn Sie sich mal ein paar Stunden lang nicht melden. Setzen Sie sich Grenzen: zum Beispiel keine Handynutzung vor 7.30 Uhr oder nach 22 Uhr.

31. Messen Sie, was Sie ändern möchten. Wenn Sie Ihren Kindern mehr vorlesen möchten, dann protokollieren Sie vor allem dies irgendwo. Wenn Sie wissen, dass Sie es hinterher aufschreiben müssen, bringt es Sie vielleicht noch eher dazu, das zweite Vorlesebuch auch noch in die Hand zu nehmen.

32. Wenn Sie feststellen, dass die Konzentration weg ist, dann machen Sie eine Pause – und zwar eine richtige.

33. Gehen Sie raus. Laut einer Studie der UCLA verbringen Erwachsene aus einem mittelständischen Doppelverdienerhaushalt weniger als 15 Minuten in der Woche in ihrem Garten für Freizeitaktivitäten – und Kinder weniger als 40 Minuten. Warum zahlen Sie für dieses Grundstück, wenn Sie es nicht nutzen?

34. Wenn Sie merken, dass Sie viele Trainings- und Unterrichtseinheiten für die Kinder planen, dann planen Sie auch welche für sich selbst. Erwachsene können ebenso wie Kinder von Sport und dem Treffen neuer Leute profitieren.

35. Werten Sie die Zeit im Auto auf. Ihr Partner könnte einmal pro Woche die Pendelzeit als Date einplanen. Kinder-Hörbücher können die Fahrt zur Schule oder zum Kindergarten zur Familienlesezeit verwandeln. Gute Musik bringt bessere Laune als die billigen Witze der Radiomoderatoren. Denken Sie vorher über die Fahrt nach, und Sie werden sie auch mehr genießen können.

36. Es ist eine nachhaltige Zeitinvestition, seinen Kindern Selbstständigkeit beizubringen. Klar, es geht schneller, wenn man die Brote für die Erstklässlerin mal eben selbst schmiert – zumindest in der ersten Woche. Aber danach erlangt sie die Kompetenz, diese Aufgabe selbst zu erledigen. Irgendwann schreibt sie dann vielleicht auch selbst Sachen auf die Einkaufsliste. Wenn man ihr alles abnimmt, nimmt man ihr auch die Chance, das Vorausdenken und Planen zu lernen.

37. Das gilt auch für die Arbeit. Die Zeit, die man in die Ausbildung anderer Menschen steckt, ist eine Investition in einen zukünftig freieren eigenen Zeitplan.

38. Bieten Sie immer an anzurufen, statt angerufen zu werden. So fangen Sie immer pünktlich an.

39. Wenn jemand ein Treffen vorschlägt und Sie beide das auch wirklich wollen, dann schlagen Sie nicht »irgendwann nächste Woche« vor, sondern (zum Beispiel): »Wie wäre es im Starbucks an der Ecke um 14 Uhr am Dienstag – oder wann würde es Ihnen besser passen?« Das erspart Ihnen ungefähr vier hin- und hergeschriebene E-Mails.

40. Nehmen Sie sich Zeit, Erinnerungen auszukosten. Das Durchblättern eines Fotoalbums ist eine wunderbare Variante, um sich an Momente zu erinnern, die man in der Vergangenheit genossen hat und irgendwann in der Zukunft wohl gerne noch einmal erleben würde.

41. Das Wochenende ist erst zu Ende, wenn Ihr Wecker am Montagmorgen klingelt. Planen Sie etwas Schönes für Sonntagabend ein und verlängern Sie so die Freude an den freien Tagen. Sonntagabend ist zufällig auch ein guter Abend für Partys – die wenigsten sind da schon verplant.

42. Denken Sie über das Arbeitsessen hinaus. Eine gemeinsame Laufrunde als Team kann die Moral auch wunderbar steigern. Eine Kundin frühstückt oder bruncht vielleicht lieber mit Ihnen, als ihren Familienabend dafür zu opfern. Falls Sie beide kleine Kinder haben, könnten Sie auch ein Spieldate verabreden, um sich besser kennenzulernen. Nicht alle Gelegenheiten zum Netzwerken müssen aus Alkohol und langen Nächten bestehen. In vielen Fällen dürfte es sogar besser für Sie sein, wenn sie dies nicht tun.

43. Sie können mehr Geld verdienen, aber nicht mehr Zeit aus dem Ärmel schütteln. Wenn ein paar Euro reichen, um ein Problem zu lösen, damit Sie Ihre Freizeit besser genießen können, ist dies eine gute Investition.

44. Wenn Sie etwas Schönes geplant haben, dann machen Sie es auch, obwohl Sie furchtbar müde sind. Wir ziehen Energie aus Dingen, die uns wichtig sind.

45. Wählen Sie das größere Leben für sich. Wenn die Seilrutschtour in den Baumkronen angsteinflößend klingt, erinnern Sie sich daran, dass dies nach einer Stunde vorbei sein wird, Sie aber diese Geschichte immer wieder erzählen können, bis Sie eines langweiligen, natürlichen Todes sterben.

46. Digitale Videorekorder sparen keine Zeit. Welche Zeit
auch immer Sie damit sparen, weil Sie nun die Werbeblöcke
umgehen können, geht nun dafür drauf, dass Sie Sendungen
schauen, die Sie ohne einen solchen Rekorder niemals hätten
schauen können (wie die Sendungen während der Arbeitszeit).
Es ist am besten, Sie sehen achtsam fern. Suchen Sie sich dafür
eine kleine Anzahl Sendungen aus, die Sie am liebsten mögen,
legen Sie fest, wie viel Zeit Sie mit diesen verbringen wollen, und
schalten Sie den Fernseher aus, wenn diese Sendungen vorbei
sind. Eine andere Variante: Sehen Sie nur beim Sport fern. Sie
können so viele Sendungen schauen, wie Sie möchten – solange
Sie dabei auf dem Crosstrainer stehen und schnaufen.

47. Reduzieren Sie die Übergangszeiten. Wenn Sie etwas
tun möchten, dann tun Sie es. Sie können locker 30 Minuten oder mehr verschwenden, indem Sie im Haus herumwirtschaften, Sachen aufräumen, sich ablenken lassen und
an Drive verlieren, bevor Sie das, was Sie eigentlich machen
wollten, überhaupt angefangen haben.

48. Wenn Sie eine bestimmte Aufgabe gar nicht mögen,
dann stoppen Sie die Zeit dafür. Auch wenn es sich nicht von
allein erledigt, wenn Sie wissen, dass es sechs Minuten dauert, die Spülmaschine auszuräumen, so wirkt es dennoch weniger wie eine Last.

49. Machen Sie sich kleine Traditionen zu eigen. Wenn Sie von nun an jeden Donnerstagmorgen Pfannkuchen machen, müssen Sie nicht nur an diesem Tag nicht mehr darüber nachdenken, was Sie zubereiten wollen, sondern dieses Ritual wird Sie als Familie stärken, weil Sie etwas Besonderes gemeinsam machen.

50. Schreiben Sie es auf. Wenn Sie sich an eine tolle Idee erinnern müssen oder auch nur an die Tatsache, dass Sie heute die Sachen aus der Reinigung holen wollen, kostet Sie das Zeit – und Sie haben wahrlich Besseres zu tun.

Um eine kostenlos zur Verfügung gestellte Vorlage für ein 168-Stunden-Protokoll herunterzuladen, besuchen Sie einfach diese Homepage: https://lauravanderkam.com/manage-your-time/.

ÜBER DIE AUTORIN

Laura Vanderkam hat bereits mehrere Bücher über Zeitmanagement und Produktivität geschrieben, unter anderem *Juliet's School of Possibilities, Off the Clock, I Know How She Does It, The New Corner Office: How the Most Successful People Work from Home* und *168 Hours*. Zudem sind diverse Artikel publiziert worden, wie in der *New York Times*, dem *Wall Street Journal, Fast Company* und *Fortune*. Sie moderiert die Podcasts *The New Corner Office* und *Before Breakfast*, und komoderiert zusammen mit Sarah Hart-Unger den Podcast *Best of Both Worlds*. Im Redline Verlag ist außerdem ihr Werk *Statussymbol Homeoffice* erschienen.

ENDNOTEN

1   Roy F. Baumeister & John Tierney: *Willpower: Rediscovering the Greatest Human Strength*. New York: Penguin Press, 2011.

2   Gretchen Craft Rubin: *Das Happiness-Projekt Oder: Wie ich ein Jahr damit verbrachte, mich um meine Freunde zu kümmern, den Kleiderschrank auszumisten, Philosophen zu lesen und überhaupt mehr Freude am Leben zu haben*. Aus dem Englischen von Antoinette Gittinger. Frankfurt am Main: S. Fischer, 2015.

3   Julia Cameron: *Der Weg des Künstlers: Ein spiritueller Pfad zur Aktivierung unserer Kreativität*. Neuausgabe Aus dem Englischen von Anne Follmann & Ute Weber. München: Knaur, 2019 [1996].

4   Shawn Achor: *The Happiness Advantage*. New York: Random House, 2010.

5   Bill Pierce, Scott Murr & Ray Moss: *Run less, run faster: Become a faster, stronger runner with the revolutionary 3-run-a-week training program*. Emmaus, PA: Rodale, 2012.

6   Anatole France: *Professor Bonnards Schuld*. Aus d. Franz. übertr. v. J. Wahl & F. Le Bourgeois. Leipzig: Reclam, 1957.

7   Daniel Gilbert: *Stumbling on Happiness*. New York: Vintage, 2006.

8   Jeroen Nawijn, Miquelle A. Marchand, Ruut Veenhoven & Ad J. Vingerhoets: Vacationers Happier, but Most not Happier After a Holiday. *Applied Research in Quality of Life*, 5: 35–47. 10.02.2010. https://www.researchgate.net/publication/42109930_Vacationers_Happier_but_Most_not_Happier_After_a_Holiday.

9   Daniel Kahneman, Alan B. Krueger, David A. Schkade, Norbert Schwarz & Arthur A. Stone: A survey method for characterizing daily life experience: the day reconstruction method. *Science, 306* (5702): 1776–1780. 03.12.2004. https://science.sciencemag.org/content/306/5702/1776; https://www.researchgate.net/publication/8150315_A_Survey_Method_for_Characterizing_Daily_Life_Experience_The_Day_Reconstruction_Method.

10   Stephen R. Covey: *The 7 Habits of Highly Effective People*. New York: Simon & Schuster, 2020 [1990].

11   https://www.bls.gov/tus/

12   http://lauravanderkam.com/books/168-hours/manage-your-time/

13   Doug Lemov, Katie Yezzi & Erica Woolway: *Practice Perfect: 42 Rules for Getting Better at Getting Better*. New York: John Wiley & Sons, 2012.

14   https://executivetimeuse.org/

15   Chalene Johnson: *PUSH: 30 Days to Turbocharged Habits, a Bangin' Body, and the Life You Deserve!*. Emmaus: Rodale, 2011.

16   http://www.stickk.com

17   Tony Schwartz & Catherina McCarthy: Manage Your Energy, Not Your Time. *Harvard Business Review*, October 2007. https://hbr.org/2007/10/manage-your-energy-not-your-time.

18   Anders Ericsson, Ralf Krampe & Clemens Tesch-Römer: The Role of Deliberate Practice in the Acquisition of Expert Performance. *Psychological Review, 100* (3): 363–406. https://www.gwern.net/docs/psychology/writing/1993-ericsson.pdf.

19   John McPhee: Structure – Beyond the Picnic-Table Crisis. *The New Yorker*. 14.01.2013. https://www.newyorker.com/magazine/2013/01/14/structure.

20   http://management.fortune.cnn.com/2012/07/20/fortune-1956-20-minutes-to-a-career-or-not/

21   https://www.cbsnews.com/news/building-community-is-a-smart-use-of-time/

22   Teresa Amabile & Steven Kramer: *The progress principle: Using small wins to ignite joy, engagement, and creativity at work*. Boston: Harvard Business Review Press, 2011.

23   Allison Strine, Kate Shoup & Kate Gatski: *Starting an Etsy business for dummies*. 3. Auflage. Hoboken: For Dummies, 2017.

Warum die erfolgreichsten Menschen von zu Hause aus

Die Coronakrise hat gezeigt: Homeoffice und Remote Work können sehr gut funktionieren und eine Bereicherung für Unternehmen und Mitarbeiter sein. Die Vorteile liegen auf der Hand: Man ist weniger gestresst und hat mehr Zeit, weil etwa lange Arbeitswege entfallen. Man arbeitet konzentrierter und gelangt häufig zu kreativeren Lösungen. Laura Vanderkam erklärt, warum das Homeoffice Privileg und Herausforderung zugleich ist. Wie man den Anforderungen der Arbeit im Homeoffice gerecht wird und dabei den Draht zu Mitarbeitern und Vorgesetzten nicht verliert zeigt sie in diesem Buch. Sie ist überzeugt: Die wenigsten werden je wieder anders arbeiten wollen!

144 Seiten
Softcover
12,99 € (D) | 13,40 € (A)
ISBN 978-3-86881-830-7